Aus dem Department für Nutztierwissenschaften
Professur für Physiologische Futtermittelchemie

# Einflüsse von Nicht-Stärke-Polysacchariden des Futters und von Nematodeninfektionen auf Verdauungsprozesse bei wachsenden Junghennen

Dissertation
zur Erlangung des Doktorgrades
der Fakultät für Agrarwissenschaften
der Georg-August-Universität Göttingen

vorgelegt von
**Julia Humburg**
geboren in Elmshorn

Göttingen, November 2010

**Bibliografische Information der Deutschen Nationalbibliothek**
Die Deutsche Nationalbibliothek verzeichnet diese Publikation in der Deutschen Nationalbibliografie; detaillierte bibliografische Daten sind im Internet über http://dnb.d-nb.de abrufbar.
1. Aufl. - Göttingen : Cuvillier, 2010
Zugl.: Göttingen, Univ., Diss., 2010

978-3-86955-596-6

D7

| | |
|---|---|
| 1. Referent: | Prof. Dr. Hansjörg Abel |
| 1. Korreferent: | Prof. Dr. Dr. Matthias Gauly |

Tag der mündlichen Prüfung: 18. November 2010


Nonnenstieg 8, 37075 Göttingen
Telefon: 0551-54724-0
Telefax: 0551-54724-21
www.cuvillier.de


1. Auflage, 2010
Gedruckt auf säurefreiem Papier

978-3-86955-596-6

Inhaltsverzeichnis

## Abbildungsverzeichnis

Tabellenverzeichnis

Anhangsverzeichnis

## Abkürzungsverzeichnis

| | |
|---|---|
| AACC | Association of American Cereal Chemists |
| Abb. | Abbildung |
| ADF | Saure Detergentien Faser |
| *A. galli* | *Ascaridia galli* |
| $AME_N$ | N-korrigierte, scheinbare, umsetzbare Energie |
| AOAC | Association of Official Analytical Chemists |
| °C | Grad Celsius |
| Ca | Calcium |
| Co | Cobalt |
| CON | Control basal diet (Grundfuttermischung) |
| Cu | Kupfer |
| d | day (engl.) – Tag |
| DM | dry matter (Trockenmasse) |
| EtOH | Ethanol |
| Fa. | Firma |
| Fe | Eisen |
| FM | Frischmasse |
| g | Gramm |
| *H. gallinarum* | *Heterakis gallinarum* |
| HCL | Salzsäure |
| I.E. | Internationale Einheiten |
| I-NSP | insoluble NSP (Futtermischung mit Erbsenschalen) |
| K | Kontrolle (Grundfuttermischung) |
| kg | Kilogramm |
| K-TDFR | Total Dietary Fibre Assay Kit - |
| µl | Mikroliter |
| L-NSP | lösliche NSP (Futtermischung mit Zichorienwurzelmehl) |
| MES | 2-Morpholinoethansulfonsäure-Monohydrat |
| mg | Milligramm |
| ml | Milliliter |

| | |
|---|---|
| mm | Millimeter |
| mPas | Millipascal-Sekunde |
| Min. | Minute/Minuten |
| N | Anzahl der Messergebnisse insgesamt |
| N | Stickstoff |
| n | Anzahl der Messergebnisse innerhalb einer Versuchsgruppe |
| n. | nach |
| Na | Natrium |
| NaOH | Natronlauge |
| NDF | Neutrale Detergentien Faser |
| NSP | Nicht-Stärke-Polysaccharide |
| p. i. | post infectionem (nach Infektion) |
| ppm | parts per million |
| rpm | Rotationsgeschwindigkeit (Umdrehungen pro Minute) |
| S-NSP | soluble NSP (Futtermischung mit Zichorienwurzelmehl) |
| Tab. | Tabelle |
| $TiO_2$ | Titandioxid |
| T | Trockenmasse |
| TRIS | Tris(hydroxymethyl)-aminomethan |
| U-NSP | unlösliche NSP (Futtermischung mit Erbsenschalen) |
| XA | Rohasche |
| XL | Rohfett |
| XP | Rohprotein |

# 1 Einleitung

In den letzten Jahren haben die Bodenhaltung und die Freilandhaltung von Legehennen zugenommen. Diese Haltungsformen begünstigen Wurminfektionen und können die Prävalenz stark erhöhen. Die Besiedlung mit Darmparasiten beeinträchtigt die Tiergesundheit und vermindert die Leistungen. Den Nematoden *Ascaridia galli* und *Heterakis gallinarum* kommt dabei große Bedeutung zu (KEUTGEN et al., 1999; PERMIN et al., 1999; RUFF, 1999; ZELLER, 1990).

Das Interesse, einem Parasitenbefall über die Fütterung präventiv zu begegnen, ist in geflügelhaltenden Betrieben stark gestiegen. Untersuchungen an Schweinen zeigen, dass die Nematodenbesiedlung durch Nicht-Stärke-Polysaccharide (NSP) des Futters beeinflusst werden kann (PEARCE, 1999; PETKEVICIUS et al., 2001; PETKEVICIUS et al., 2003; PETKEVICIUS et al., 2007). Für Geflügel liegen keine entsprechenden Ergebnisse vor.

Der vorliegenden Arbeit liegen Stoffwechselversuche an wachsenden Junghennen zugrunde. Es kamen Futtermischungen ohne und mit NSP-Zulagen zum Einsatz. Als Quelle unlöslicher NSP dienten Erbsenschalen und als Quelle löslicher NSP inulinreiches Zichorienwurzelmehl. Jede Futtermischung wurde an nicht infizierte und an experimentell mit *A. galli* oder *H. gallinarum* infizierte Tiere gefüttert. Mit dieser Versuchsanstellung sollten die Wirkungen der NSP und der Infektionen sowie der Wechselwirkungen zwischen diesen beiden Versuchsfaktoren auf Verdauungsprozesse untersucht werden, um damit auch zu prüfen, ob die gewählten NSP-Träger Möglichkeiten zur Minderung der Parasitenentwicklung im Intestinaltrakt des Hühnergeflügels bieten.

# 2 Literaturübersicht

## 2.1 Nicht-Stärke-Polysaccharide

Als Nicht-Stärke-Polysaccharide (NSP) werden alle Polysaccharide bezeichnet, die vorwiegend in den Zellwänden von Pflanzen vorkommen und die nicht der Stärke zuzuordnen sind. Dem tierischen Organismus fehlen körpereigene Enzyme zum Abbau von NSP (JEROCH et al., 2008). Eine Übersicht über die Gruppe der NSP liefert die folgende Abbildung 1.

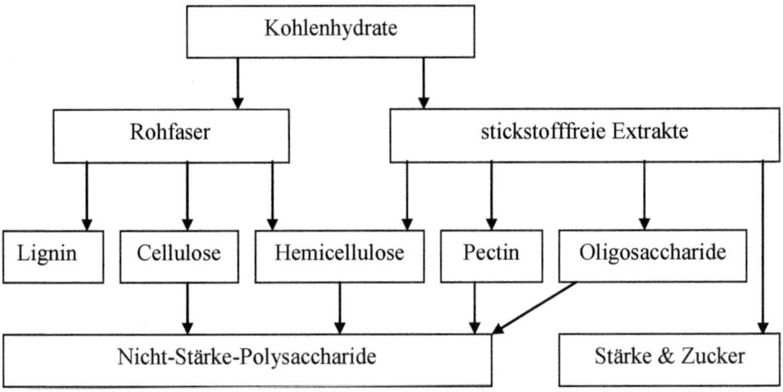


Abb.1: Klassifikation der Kohlenhydrate nach BAKKER et al. (1998)

Die NSP stellen eine strukturell sehr heterogene Gruppe dar. Zu ihr gehören Cellulose, (1-3, 1-4)- β- Glucane, Arabinoxylane (Pentosane), Mannane, Galactane, Xyloglucane, Inulin und Pectine (JEROCH et al., 2008). Eine vereinheitlichte und allgemeingültige Klassifikation der NSP ist bisher nicht vorhanden.

Cellulose kann als anomere β-Form der Glucose bis zu 15000 Glucoseeinheiten aufweisen. Cellulose bildet als wichtigstes Strukturpolysaccharid feste, faserige Molekülverbände und ist wasserunlöslich. Ebenso ist Cellulose in schwachen Laugen und Säuren nicht löslich. Die ausschließlich 1-4-β-glycosidisch miteinander verbundenen Glucosemoleküle bilden unverzweigte, langgestreckte Ketten, die über intermolekulare Wasserstoffbrückenbindungen übermolekulare Ordnungszustände ausbilden, bis hin zu Kristallgittern. Durch diese kommt es zur Entwicklung von Mikrofibrillen, die der Pflanzenzelle als Bestandteil der Primärwand die nötige Stabilität verleihen. Körpereigene Enzyme des tierischen Organismus können die 1-4-β-glycosidische Bindung nicht spalten, jedoch können unterschiedliche Mikroorganismen solche Enzyme bilden, die wiederum kristalline Cellulose wesentlich langsamer abbauen als amorphe Cellulose. Chemische oder physikalische Behandlungsverfahren können den Anteil amorpher Cellulose erhöhen.

1-3, 1-4 – β-Glucane bestehen wie Cellulose ausschließlich aus β-Glucose. Zusätzlich zu den β-1-4-Bindungen sind jedoch noch β-1-3-Bindungen vorhanden, die zu aufgelockerten Strukturen durch Abwinkeln der Molekülkette führen. Aus diesem Grund entwickeln sie zum Teil Fraktionen, die in Wasser löslich und auch leichter in Laugen und Säuren in Lösung gehen. Die Viskosität von Lösungen wird durch die wasserlöslichen Fraktionen erhöht. Im Endosperm von Hafer- und Gerstenkörnern kommen höhere Anteile von 1-3, 1-4–β-Glucanen vor.

Die überwiegend aus den Fünffachzuckern Arabinose und Xylose bestehenden Pentosane weisen ein ähnliches Löslichkeitsverhalten wie die 1-3, 1-4–β-Glucane auf. Sie kommen hauptsächlich in Triticale, Roggen und Weizen vor. Ihre Struktur besteht aus 1-4-β-D-Xylopyranosylresten, die vorwiegend substituiert sind über O-2- und /oder O-3-Bindungen mit α-L-Arabinofuranosylresten. In geringen Mengen können neben diesen Fünffachzuckern auch andere Monosaccharide vorkommen. Weiterhin sind Arabinogalactane und Polygalacturonsäure (Pectine) als Bestandteile von pflanzlichen Zellwänden von Bedeutung. Sie werden zusammen mit den 1-3, 1-4 – β-Glucanen und den Pentosanen auch als Hemicellulosen bezeichnet.

Das definitionsgemäß ebenfalls zu den NSP zählende, aus Fructoseeinheiten über 1-2-Bindungen bestehende Inulin, ist ein Reservekohlenhydrat, welches z. B. in Zichorien und in den Knollen von Topinambur vorkommt. Das mit unterschiedlichen NSP strukturelle Verknüpfungen (Kohlenhydrat-Lignin-Komplex) eingehende Lignin ist kein Kohlenhydrat und für das Tier so gut wie unverdaulich. Um die Zugänglichkeit kohlenhydratabbauender Enzyme zu ihren Substraten zu optimieren, besteht aus ernährungsphysiologischer Sicht ein Interesse, diese Kohlenhydrat-Lignin-Komplexe zu lockern (JEROCH et al., 2008). Die NSP können in unlöslich und löslich eingeteilt werden.

Tabelle 1 gibt den Gehalt ausgewählter und bezüglich Löslichkeit charakterisierter NSP in einigen Getreidekörnern der in der Schweine- und Geflügelernährung gebräuchlichsten Getreidearten wieder.

Tab.1: Gehalte an β-Glucanen und Pentosanen in Getreidekörnern in g/kg Trockenmasse (JEROCH et al., 2008)

| | **β- Glucane** | | **Pentosane** | |
|---|---|---|---|---|
| **Getreideart** | **gesamt** | **löslich** | **gesamt** | **löslich** |
| Weizen | 3-11.5 | - | 35-75 | 5-23 |
| Gerste | 26-66 | 24-50 | 31-77 | 5-10 |
| Roggen | 13-47 | - | 59-122 | 19-45 |
| Hafer | 23-51 | 16 | 37-80 | 8 |
| Mais | 0.3-1.7 | - | 33-68 | 4-10 |

- = keine Angaben bzw. Werte

### 2.1.1 Eigenschaften der unlöslichen Nicht-Stärke-Polysaccharide

Der NSP-Abbau durch mikrobielle Enzyme ist vor allem von der chemischen Struktur abhängig (AULRICH und FLACHOWSKY, 1998). Dabei kann der Lignifizierungsgrad ausschlaggebend sein. Die unlöslichen NSP gehören zu den mit Lignin verbundenen Nahrungsfasern und werden nur gering fermentativ abgebaut (WENK und ZURCHER, 1990). Sie sind hauptsächlich am Einschluss von Nährstoffen beteiligt, dem so genannten Käfigeffekt, wodurch der Angriff von Enzymen schwieriger oder sogar verhindert wird (THEANDER et al., 1989).

Es ist möglich, das aus unlöslichen NSP-Fraktionen durch Hydrolyse löslichere Fraktionen entstehen, wobei es zunächst zu erhöhter und mit fortlaufender Spaltung in niedermolekulare Fragmente zu wieder sinkender Viskosität kommt (AULRICH und FLACHOWSKY, 1998). BACH KNUDSEN und CANIBE (1997) haben in Versuchen ebenfalls festgestellt, das aus wasserunlöslichen durch Vorgänge der Fermentation wasserlösliche Polysacharide entstehen können. Entsprechend betrug die Wiederfindungsrate löslicher Hemicellulosen im terminalen Ileum des Schweins 136% der mit dem Futter zugeführten Menge.

Die Verdaulichkeit von unlöslichen NSP lag in den gleichen Untersuchungen von BACH KNUDSEN und CANIBE (1997) im Caecum und Colon von Schweinen zwischen 46% und 86%. Sie hängt vor allem von der Herkunft der NSP, der Wasserbindungsfähigkeit, der Konzentration in der Ration, dem Anteil an Siliciumoxid ($SiO_2$), dem Lignifizierungsgrad, der Behandlungsart und der Bindungsart der einzelnen Moleküle ab (DUDA, 2004).

Den unlöslichen NSP werden eine verminderte Passagezeit der Digesta durch den Gastrointestinaltrakt, Effekte im Dickdarm, Verdünnung des Coloninhaltes und eine Erhöhung der Kotmenge zugesprochen (BACH KNUDSEN und HANSEN, 1991; BACH KNUDSEN, 2001; ROBERFROID, 1993).

Mit steigenden Gehalten an unlöslichen NSP steht eine beschleunigte Passage des Futters in Verbindung. Diese zieht eine gesteigerte Futteraufnahme nach sich. Nach Fütterung von Erbsenschalen und Weizenkleie beobachteten JORGENSEN et al. (1996) bei Broilern einen Anstieg der Futteraufnahme. Dabei zeichneten sich sowohl Erbsenschalen als auch Weizenkleie durch hohe Gehalte an unlöslichen Nicht-Stärke-Polysaccharide aus.

### 2.1.2 Eigenschaften der löslichen Nicht-Stärke-Polysaccharide

Der Abbau der löslichen NSP ist ebenfalls von der chemischen Struktur (AULRICH und FLACHOWSKY, 1998) abhängig. Es handelt sich jedoch um nicht lignifizierte Faserstoffe, die zum Teil wasserlöslich sind (GRAHAM et al., 1986).

Durch ihre hohe Wasserbindungskapazität und gelbildenden Eigenschaften führen die löslichen NSP zu erhöhter Viskosität verbunden mit verlängerter Passagezeit der Darmdigesta (BACH KNUDSEN, 2001; POTKINS et al., 1991; ROBERFROID, 1993). Die Absorptionsrate von Nährstoffen aus dem Lumen kann durch die Viskositätssteigerung gesenkt werden. Dies scheint darauf zu beruhen, dass die Diffusion der Nährstoffe zu der Schleimhautoberfläche beeinträchtigt wird (DUDA, 2004). Die löslichen NSP können teilweise bereits im vorderen Verdauungstrakt gespalten werden (BACH KNUDSEN, 2001; GRAHAM et al., 1986), wobei die dabei entstandenen Spaltprodukte im Dickdarm der Fermentation unterliegen (DUDA, 2004; RERAT, 1981).

BACH KNUDSEN und CANIBE (1997) beobachteten eine Verdaulichkeit von löslichen NSP im Caecum und Colon bei Schweinen von mehr als 92%. Infolge des Anstieges der Viskosität und der langsameren Digestapassage kann die Fraktion der löslichen NSP zu verminderten Futteraufnahmen führen (DÄNICKE, 1999). JORGENSEN et al. (1996) stellten dagegen nach der Fütterung von löslichen NSP in Form von Haferkleien einen signifikanten Anstieg der Futteraufnahme bei Broilerküken fest. Allerdings lässt sich die im Verhältnis zum Kontrollfutter erhöhte Futteraufnahme nicht nur mit den löslichen NSP erklären, da auch ein wesentlicher Anstieg unlöslicher NSP mit der Zulage von Haferkleie verbunden war.

### 2.1.3 Inulin als lösliches Nicht-Stärke-Polysaccharid

Die ernährungsphysiologischen Eigenschaften des Inulins entsprechen weitgehend denen der löslichen NSP (FLAMM et al., 2001; JEROCH et al., 2008; VERDONK et al., 2005). Der Grad der Polymerisation (GP) liegt bei Inulin aus der Zichorienpflanze zwischen 2-70 GP (Mittelwert 10-20 GP) (ROBERFROID und DELZENNE, 1998). Der Abbau von längerkettigem Inulin erfolgt vermutlich langsamer. Zur Fermentation von Inulin führten ROBERFROID et al. (1998) vergleichende Untersuchungen in einem anaeroben Kulturfermenter durch. Es wurden 7 g/l Inulin mit 100 g/l humaner Faecalausscheidung versetzt. Die Moleküle mit einem GP < 10 wurden doppelt so schnell wie die Oligomere mit einem GP > 10 abgebaut.

REHMANN et al. (2008) führten Untersuchungen an Broilern, deren Futterration 1% Inulin enthielt, durch. Die relative Länge und das Gewicht des Dünndarmes wurden durch die Inulinzulage nicht beeinflusst. Die relativen Gewichte der Leber und der Caecumdigesta waren jedoch bei den mit Inulin versorgten Gruppen erhöht.

### 2.1.4 Einfluss von NSP auf das Verdauungssystem des Geflügels

Zur Spaltung bestimmter Substratmolekülbindungen sind einige Enzyme befähigt, die entweder extrazellulär abgegeben werden oder an die Zelle gebunden sind. Diese Enzyme werden von diversen Bakterien des Magen-Darm-Traktes gebildet. Von Bedeutung sind Glycosidasen, Peptidasen, Proteasen und Polysaccharidasen (WARREN, 1996).

Nur bestimmte Bakterienarten können NSP als Substrat nutzen. Sie besiedeln bei entsprechendem Angebot einzelne Segmente des Darmes auf Kosten anderer Bakterienarten, so dass sich die Zusammensetzung der intestinalen Bakterienpopulation verändert (HUEBENER et al., 2002; VAHJEN et al., 1998). BECKMANN et al. (2000) isolierten aus dem

Darm von Hühnern, die mit Roggen und Weizen gefüttert worden waren, ß-Glucan-spaltende Bakterienarten. Es handelte sich hierbei um *Streptococcus* spp., *Clostridium* spp., *Enterococcus* spp. und *Bacteroides* spp..

Wie zuvor erwähnt, werden den löslichen NSP bereits Wirkungen im vorderen Verdauungstrakt und den unlöslichen NSP vorwiegend Einflüsse im Dickdarm zugeschrieben (BACH KNUDSEN, 2001). Beim Geflügel bilden die Caecae den Hauptort der mikrobiellen Fermentation (FÖRSTER, 2003).

Die viskositätssteigernde Wirkung der löslichen NSP verlängert die Verweildauer der Digesta im Verdauungstrakt von Broilern, z.B. von 5 bis 7 Stunden (JEROCH et al., 2008) auf bis zu 9 Stunden (DÄNICKE et al., 1997). Dadurch steht den Mikroorganismen mehr Zeit zur Einwirkung und eigenen Vermehrung zur Verfügung (LOH, 2002).

Eine erhöhte Viskosität führt zu einer verminderten Diffusionsrate von Gallensäuren und körpereigenen Verdauungsenzymen in den Digesta und zu einem verminderten Kontakt des Nahrungsbreies mit der resorptiven Magen-Darm-Oberfläche. Deshalb kann sich die Nährstoffverdaulichkeit vermindern (BEDFORD, 1995; FÖRSTER, 2003; IKEGAMI et al., 1990). Am stärksten ausgeprägt ist infolge NSP-bedingt verminderter Gallensäurenfunktion der Rückgang der Verdaulichkeit von Fetten (WIESE, 2002). Dabei werden vor allem langkettige gesättigte Fettsäuren niedriger verdaut (DÄNICKE et al., 2000b; SMITS et al., 2000).

Eine erhöhte Viskosität, die mit einer verlangsamten Digestapassage einhergeht (DÄNICKE, 1999), führt zu erhöhter Stickstoffsekretion und zu erhöhtem Proteinumsatz im Dünndarm von Broilern (DÄNICKE et al., 2000a; SIMON, 1998).

JAMROZ et al. (1998) fütterten Triticale an junge Masthähnchen und beobachteten bei steigendem Anteil an NSP in der Ration höhere scheinbare Verdaulichkeiten für neutrale und saure Detergenzienfaser und für Hemicellulose. Dies lässt sich mit verstärktem mikrobiellem Abbau der NSP erklären (LOH, 2002).

Den NSP werden über den sog. Käfigeffekt auch direkte und indirekte Einflüsse auf die Verdaulichkeit anderer Nährstoffe zugesprochen (THEANDER et al., 1989).

NSP wirken sich auf die Morphologie des Gastrointestinaltraktes aus. SIMON (1998) ermittelte in Versuchen an Broilern bei erhöhter Digestaviskosität Verlängerungen des Darmes und Steigerungen des relativen Darmgewichtes. Ein erhöhtes Darmgewicht kann auf erhöhten Proliferationen von Becherzellen und Enterozyten in der mukosalen Darmwand beruhen (BEST et al., 1999; LANGHOUT et al., 1999; VIVEROS et al., 1994). Des Weiteren führt eine erhöhte Viskosität der Digesta zu größeren Caecae und vergrößertem Pankreas (JARONI et al., 1999; JORGENSEN et al., 1996) sowie im jejunalen Segment zu verdickten und verkürzten Mikrovilli. Dadurch werden die Resorptionsoberfläche verringert und die Nährstoffresorption im Dünndarm verzögert (BEST et al., 1999; JARONI et al., 1999). Zur Abschwächung oder Eliminierung antinutritiver NSP-Wirkungen werden dem Futtermittel NSP-spaltende Enzyme als Futterzusatzstoffe hinzugefügt. Bei Mastgeflügel und Ferkeln kommen β-Glucanasen und Xylanasen zum Einsatz. Die β-Glucanasen werden vorwiegend bei gerste- und haferreichen Rationen zugefügt (GRAHAM et al., 1989). Bei Rationen, die überwiegend Weizen oder Roggen enthalten, finden eher Xylanasen sowie Multienzympräparate Verwendung, die beide Enzymaktivitäten aufweisen (OßWALD, 2006). Die Futterverwertung von Broilern wird durch den Zusatz von Enzymen zu Getreiderationen in Abhängigkeit vom NSP-Gehalt des Futters und dem Alter der Tiere um bis zu 8% verbessert (DÄNICKE, 1999; JEROCH et al., 1995).

Insgesamt ist es schwierig, die Einflüsse von NSP genau zu spezifizieren. Z.B. hängen die Wirkungen bei den Getreidearten von dem jeweiligen Verhältnis der unlöslichen zu den löslichen NSP und deren Gesamtkonzentrationen im Futter ab (DÄNICKE, 1999; JEROCH et al., 1995). Auch genetische Faktoren bei Pflanzen, das Ausreifestadium, die Stickstoffdüngung, Klimafaktoren und die Lagerungsdauer des Getreides wirken sich aus (JEROCH und DÄNICKE, 1995). Schließlich ist als weiterer Einflussfaktor das Alter der Tiere zu nennen (JEROCH et al., 1995).

## 2.2 Nematoden in der Geflügelhaltung

Mit einem Anstieg der alternativen Haltungsformen in der Legehennenhaltung geht eine Belastung bei Hennen mit Helminthen einher. Vor allen Dingen werden Freiland- und Bodenhaltungssysteme mit einer erhöhten Infektionsgefahr in Verbindung gebracht (KEUTGEN et al., 1999; PERMIN et al., 1999; ZELLER, 1990). Die Tiere infizieren sich über ihre eigenen Exkremente mit den Parasiten, da keine Abtrennung der Exkremente in diesen Haltungssystemen erfolgt. Nur selten sind Helminthosen Ursache klinischer Erkrankungen, sie können jedoch abhängig von ihrer Intensität und Häufigkeit eine leistungsmindernde Wirkung mit sich bringen (ECKERT, 2000).

Nematoden bilden die wichtigste Gruppe unter den Helminthen. In Geflügelbeständen dominierend sind dabei die Gattungen *Heterakis*, *Ascaridia*, *Syngamus* und *Capillaria* (RUFF, 1999). Untersuchungen in Bayern ermittelten, dass in der Auslauf- und Bodenhaltung *Heterakis gallinarum*, *Ascaridia galli* und *Capillaria obsignata* eine herausragende Rolle spielen (ZELLER, 1990). Bei Versuchsanstellungen in dänischen Legehennenbeständen wurden ähnliche Ergebnisse erzielt. Es wurde hier die Prävalenz von Endoparasiten des Gastrointestinaltraktes und der Trachea untersucht. Die höchste Prävalenz wurde auch hier bei den Alternativen Haltungssystemen gefunden. Bei *A. galli* lag sie bei 63,8% in der Auslaufhaltung bzw. bei 41, 9% in der Bodenhaltung, bei *H. gallinarum* bei 72,5% bzw. 19,4% und bei *C. obsignata* bei 53,6% bzw. 51, 6%. Dahingegen wurden in der Käfighaltung nur bei wenigen Tieren (5%) *A. galli* und Zestoden (3,3%) ermittelt (PERMIN et al., 1999). Eine hohe Prävalenz von *A. galli* konnte ebenfalls in Norddeutschland nachgewiesen werden. Die Infektion der Hennen betrug hier 23,3 % in der Auslauf- und 37% in der Bodenhaltung (KEUTGEN et al., 1999).

Die Parasiten *Ascaridia galli* und *Heterakis gallinarum* gehören zur Gruppe der *Nematoda heterakidae* und weisen analoge Lebenszyklen auf. Jedoch unterscheiden sie sich grundlegend in Bezug auf ihre Pathogenität. Beim Geflügel zählt *A. galli* zu den Nematoden mit höchster Pathogenität (GAULY et al., 2001; RUFF und NORTON, 1997), während *H. gallinarum* nur als schwach pathogen gilt. *H. gallinarum* wird jedoch als Überträger der pathogenen Protozoen *Histomonas meleagridis*, dem Erreger der Schwarzkopfkrankheit, eine große Bedeutung in der Geflügelhaltung zugeschrieben (ECKERT, 2000; GAULY et al., 2001; MCDOUGALD, 1998).

### *2.2.1 Ascaridia galli*

Die auch als großer Hühnerspulwurm bezeichnete Nematode *Ascaridia galli* besiedelt den Dünndarm. Dieser Spulwurm tritt - abgesehen von gut geführter, intensiver Käfighaltung (PERMIN et al., 1999) - weltweit in der Geflügelhaltung auf (HARTWICH, 1975). Die Entwicklung findet ohne Wirtswechsel statt, es handelt sich um einen direkten (monoxenen) Entwicklungszyklus. Die Würmer sind im Vergleich zu *H. gallinarum* größer. Die Länge der Weibchen beträgt 72-116 mm und die der Männchen 51-76 mm. Die ovalen Eier besitzen eine Größe von 73-92 mal 45-57 µm. Es können 10 bis 50 Millionen Eier pro

Weibchen produziert werden. Zwei Populationen machen den Lebenszyklus aus, zum einen die sexuell reifen Parasiten im Gastrointestinaltrakt und zum anderen das infektiöse Stadium ($L_3$) in Form resistenter Eier in der Umwelt. Die Eier sind bei der Eiablage von drei Eihüllen überzogen. Sie besitzen eine innere permeable Vitellinmembran, eine dicke resistente Hülle und eine äußere dünne, albuminhaltige Eihülle (ACKERT, 1931).

Die Eier gelangen, in dem sie mit den Exkrementen der Wirte ausgeschieden werden, in die Umwelt. Innerhalb von 15 bis 25 Tagen erreichen sie abhängig von Temperatur und relativer Luftfeuchtigkeit das infektiöse Stadium. Dieser Zeitraum kann sich bei Temperaturen von 32 bis 34°C auf 5 Tage reduzieren (REID, 1960). Temperaturen von -12 bis – 8°C bzw. über 43°C führen zum Absterben der Eier (ACKERT, 1931; REID, 1960). Eier von *A. galli* können auch von Regenwürmern aufgenommen werden und dann auf Geflügel übertragen werden, wobei dieser Weg der Übertragung weniger wichtig zu sein scheint. Starke Ausmaße kann die Kontamination mit infektiösen Eiern in Tiefstreuställen annehmen (ECKERT, 2000).

Eier von *Ascaridia* können über ein Jahr lang infektionsfähig bleiben und zeichnen sich durch eine hohe Tenazität aus. Das Schlüpfen der infektionsfähigen $L_3$-Larven nach oraler Aufnahme erfolgt im Duodenum innerhalb von 24 Stunden. Die Eier werden dabei von den drei sie umgebenden Hüllen geschützt. Es finden insgesamt zwei Häutungen statt, bis sich der adulte Wurm entwickelt. Zunächst durchlaufen die Larven nach dem Schlüpfen eine histotrope Phase, in der sie sich in den mukosalen Schichten des Intestinums aufhalten. Die Mehrheit der Larven durchläuft diese Phase vom 8. bis 17. Tag der Infektion, jedoch ist die Dauer auch von der Infektionsdosis abhängig. Die Dauer von der oralen Aufnahme bis zum Auftreten der ersten Geschlechtsprodukte der Würmer in den Exkrementen, die auch Präpatenz genannt wird, ist abhängig von der Befallstärke und liegt zwischen 27 und 56 Tagen. Die Lebensdauer im Dünndarm beträgt zwischen 9 und 14 Monaten (ACKERT, 1931; ECKERT, 2000; HARTWICH, 1975; HIEPE und SCHUSTER, 1992; TUGWELL und ACKERT, 1952).

Die Empfänglichkeit gegenüber einer Spulinfektion nimmt mit zunehmenden Alter des Geflügels ab (TUGWELL und ACKERT, 1952). Dies ist auf eine Vermehrung der Becherzellen zurück zu führen (HIEPE und SCHUSTER, 1992). Es wurden Untersuchungen angestellt, bei denen sich Möglichkeiten andeuten, dass gegenüber *A. galli*-Infektionen resistente Hühnerrassen bzw. –herkünfte selektiert werden könnten. GAULY et al.(2002)

konnten ermitteln, dass Lohmann Brown-Hennen im Vergleich zu Lohmann LSL-Hennen eine niedrigere Empfänglichkeit aufweisen.
Durch experimentelle Infektionen von Hennenküken konnte eine Abhängigkeit der Wurminfektion von der Höhe der Infektionsdosis ermittelt werden. Im Verhältnis zur Anzahl der verabreichten *A. galli* Eier entwickelten sich umso weniger Spulwürmer je höher die Infektionsdosis war (GAULY et al., 2001; PERMIN et al., 1997). Dies könnte auf einem Mangel an Ressourcen für den Parasiten bei vorteilhafterer Entwicklung des Immunschutzes bei starker Infektion beruhen (PERMIN et al., 1997).
Krankheitserscheinungen bei den Wirtstieren treten während der histotropen Phase durch Migration der juvenilen Stadien in der Dünndarmschleimhaut, aber auch durch adulte Stadien im Darmlumen auf. Pathologische Veränderungen können bereits 4 Tage nach der Infektion festgestellt werden. Währenddessen kommt es durch die Migration der Larven zur Zerstörung des Zottenepithels und der Lieberkühnschen Krypten, wodurch Eintrittspforten für bakterielle Sekundärinfektionen gegeben sind. Ebenfalls führt es zu einer erhöhten Sekretion von Schleim. Bei starkem Parasitenbefall kommt es zu Inappetenz, Anämie, Diarrhoe, Gewichtsverlust und verminderter Aktivität, wobei schon bei mittelgradigen Infektionen der Futterverbrauch ansteigt und die Legeleistung sinkt (HIEPE und SCHUSTER, 1992).
Eine freiwillige Reduktion der Futteraufnahme ist charakteristisch für viele parasitäre Infektionen (CROMPTON, 1984). Die verminderte Leistung beruht hauptsächlich auf der parasitären Infektion. Klinische Symptome, wie z. B. eine verminderte Futteraufnahme, erreichten bei Hühnerküken, die mit *A. galli* infiziert wurden ihren Höhepunkt rund drei Wochen nach der Infektion während der Präpatenz des Parasiten (IKEME, 1971).
Die Diagnose lässt sich bei der Sektion durch den Nachweis der Nematoden im Dünndarm oder durch den Nachweis der Eier von *A. galli* in den Exkrementen mittels Flotationsverfahren stellen (HIEPE und SCHUSTER, 1992).

### *2.2.2 Heterakis gallinarum*

Der auch als kleiner Spulwurm bzw. Blinddarmwurm bezeichnete Parasit *Heterakis gallinarum* tritt weltweit in der Geflügelhaltung auf und ist eine relativ schwach pathogene Nematode.

Die Gesamtlänge bei den Männchen beträgt 5,3 bis 10,5 mm und die der Weibchen 7,2 bis 12,8 mm. Innerhalb von 6 Tagen bis 11 Wochen entwickeln sich bei Temperaturen von 10 bis 35°C die mit den Exkrementen ausgeschiedenen Eier zu infektionsfähigen Larven. Die Larven können in den Eiern bis zu einem Jahr lebensfähig bleiben. Sie halten sich normalerweise nach oraler Aufnahme 2 bis 5 Tage in der Mukosa des Caecums auf, bevor sie in das Lumen der Blinddärme übergehen. Dort wachsen sie dann zu adulten Würmern heran. Die Präpatenz beträgt 24 bis 34 Tage (HARTWICH, 1975). Folge eines starken parasitären Befalls bei Legehennen sind Inappetenz, Diarrhoe, Abgeschlagenheit und Beeinträchtigung der Legeleistung (HIEPE und SCHUSTER, 1992).

## 2.3 Wechselwirkungen zwischen Ernährung und Nematoden

Auf Grund relativ kurzer Mastdauer und der Präpatenz der Nematode von 4 bis 8 Wochen haben Infektionen mit den beiden genannten Parasiten in der Broilermast nur eine geringe Bedeutung. In anderen Fällen lassen sich Wechselwirkungen zwischen Ernährung und Wurminfektion aus zweierlei Sicht betrachten. Einerseits geht es um die Wirkung der Wurminfektion auf den Ernährungsstatus und die Physiologie des Wirtes. Andererseits wirkt die Ernährung des Wirtes auf die Population von Würmern, deren Persistenz, Reproduktionsgeschehen und intestinale Besiedlung mit einzubeziehen wären. Eine Wurminfektion kann zu verminderter Verdaulichkeit der organischen Masse, reduzierter Futteraufnahme des Wirtes, höherer Stickstoffausscheidung und zu ungünstigerer Futterverwertung führen (PETKEVICIUS, 2007). Die Fütterung der Wirtstiere kann durch sehr spezielle Ansprüche der Parasiten an die physiko- chemische Beschaffenheit des gastrointestinalen Milieus entscheidenden Einfluss auf Wurminfektionen nehmen. Von der Ernährung beeinflusste Veränderungen des gastrointestinalen Milieus besitzen eine direkte Wirkung auf die Population der Parasiten.

Dänicke et al. (2009) untersuchten bei wachsenden Junghennen den Einfluss einer Infektion mit *A. galli* in Kombination mit der Fütterung eines NSP spaltenden Enzyms auf die intestinale Viskosität, die Nährstoffretention und Darmmorphologie. Den Tieren wurde von der 6. bis 14. Lebenswoche eine Kontrollration mit hohen Anteilen an löslichen NSP und eine mit der Kontrollration identische Ration, der ein NSP spaltendes Enzym zugefügt wurde, verabreicht. Die Hälfte jeder Futtergruppe wurde in der sechsten Lebenswoche mit

250 embryonierten *A. galli* Eiern infiziert. Die Viskosität wurde durch den Enzymzusatz in den jejunalen Ingesta reduziert. Des Weiteren war bei den infizierten Tieren durch den Enzymzusatz die Ausscheidung an *A. galli* Eiern in den Exkrementen signifikant verringert. Die scheinbare Retention von organischer Masse wurde durch die Enzymzulage erhöht, während die Parasiteninfektion keinen diesbezüglichen Effekt ausübte.
Weitere Untersuchungen wurden an Schweinen durchgeführt. Nach BJØRN et al. (1996) können Mikronährstoffe, Polysaccharide und Proteine eine Besiedlung mit Nematoden beeinflussen. Die Autoren beobachteten bei Fütterung einer mit Protein aufgewerteten Gerstenration im Vergleich zu einem ansonsten nährstoffmäßig weitgehend äquivalenten kommerziellen Pelletfutter eine gesteigerte Anzahl an Nematodeneiern und –würmern. Zur Besiedlung mit den Endoparasiten *Ascaris suum* und *Trichuris suis* stellte PEARCE (1999) einen direkten Bezug zu NSP her. Eine Erfassung in kommerziellen Schweinebeständen Großbritanniens ergab, dass vermehrt Infektionen mit *A. suum* und *T. suis* in Verbindung mit niedrigen Gehalten an Futterenergie sowie erhöhten Gehalten an NDF und Gesamt- bzw. unlöslichen NSP auftraten.
Nicht-Stärke-Polysaccharide mit physiko-chemischen Eigenschaften und unterschiedlichen Verdaulichkeiten haben einen signifikanten Einfluss auf die lokale Verteilung, Fruchtbarkeit und Besiedlung von bereits angesiedelten *Oesophagostomum dentatum* Würmern im Dickdarm von Schweinen (PETKEVICIUS et al., 2001; PETKEVICIUS et al., 2003). In den Untersuchungen wurde eine einmalige Dosis $L_3$-Larven inokuliert. Es kam zu begünstigenden Bedingungen für die Besiedlung mit Würmern und deren Fruchtbarkeit durch mikrobiell unabbaubare Polysaccharide (Haferschalen, mit hohem Anteil an unlöslichen NSP). Gegenteilige Wirkungen traten bei Fütterung löslicher NSP (Zuckerrübenschnitzel und Inulin) auf, die durch mikrobielle Aktivitäten im Dickdarm intensiv fermentiert werden. Sie wirkten entwurmend und führten zu einer reduzierten Fruchtbarkeit und Besiedlung mit Würmern. Es entwickelten sich etwa 85% der *O. dentatum* Larven bis zum adulten Stadium nach Fütterung von unlöslichen NSP, während die Entwicklung der Würmer durch lösliche NSP gehemmt wurde und nur 17% der Larven dieses Stadium erreichten. Grund hierfür könnte die starke Anflutung von kurzkettigen Fettsäuren aus der intensiven mikrobiellen Fermentation in Verbindung mit niedrigeren pH-Werten im Dickdarm sein. Die Ergebnisse verdeutlichen, dass die Würmer vorwiegend in den Colonabschnitten auftraten, die nach Fütterung unlöslicher NSP von ihnen favorisiert

aufgesucht wurden. Durch lösliche NSP kam es zu einer verstreuteren Verteilung der Würmer im Dickdarm (PETKEVICIUS et al., 2001). Die Ausscheidung von *O. dentatum* Eiern, gemessen in eggs per gram of faeces (EPG) wurde durch die Zulage von Zuckerrübenschnitzel und Inulin signifikant gemindert. Adulte Würmer wurden im Dickdarm zu 97 % gesenkt, wenn einer Gerste-basierten Ration 16 % Inulin zugelegt wurden. Nach Fütterung von Inulin und Zuckerrübenschnitzel konnte eine Reduzierung um 86 % erzielt werden (PETKEVICIUS et al., 2003). Auch die Anzahl von Eiern und adulten Würmern der Nematode *Trichuris suis* in den Exkrementen wurde durch eine inulinhaltige Ration zu 87 % bzw. 71 % (7 Wochen p.i.) bzw. 47 % (9 Wochen p.i.) vermindert. Darüber hinaus wurde durch Inulin ein niedrigerer Anteil weiblicher Würmer ermittelt (PETKEVICIUS et al., 2007).

Diese Ausführungen zeigen, dass Einfluss auf die intestinale Wurmpopulation durch die Fütterung löslicher und unlöslicher NSP genommen werden kann. Wechselbeziehungen zwischen NSP und Nematodeninfektionen auf Verdauungsprozesse bei wachsenden Junghennen werden in der Literatur nur wenig beschrieben.

In der vorliegenden Untersuchung sollte daher der Einfluss von unlöslichen und löslichen NSP im Futter und von Infektionen mit *A. galli* oder *H. gallinarum* auf ausgewählte Verdauungsprozesse bei wachsenden Junghennen untersucht werden. Es kamen als Quelle unlöslicher NSP Erbsenschalen und als Quelle löslicher NSP inulinreiches Zichorienwurzelmehl zum Einsatz.

# 3 Material und Methoden

In dieser Arbeit sollten die Einflüsse von NSP des Futters und von Nematodeninfektionen auf Verdauungsprozesse bei wachsenden Junghennen untersucht werden. Die Untersuchung umfasste zwei Versuchsreihen mit jeweils drei Durchgängen mit *Ascaridia galli*- (*A. galli*) und drei Durchgängen mit *Heterakis gallinarum*-Infektionen (*H. gallinarum*). Die Versuche wurden von April 2007 bis Oktober 2009 am Department für Nutztierwissenschaften der Georg-August-Universität Göttingen durchgeführt.

## 3.1 Versuchsaufbau

Im Gesamtversuch wurden je Durchgang 300 weibliche Eintagsküken der Herkunft Lohmann Selected Leghorn zufällig auf drei Stallabteile aufgeteilt (n = 100 Tiere/Abteil). Ab dem 1. Lebenstag wurden den drei Gruppen unterschiedliche Futtermischungen zugeteilt. Die Futtervarianten unterteilten sich in „Kontrolle“ (K), „Unlösliche NSP“ (U-NSP) und „Lösliche NSP“ (L-NSP). Während der 12-wöchigen Versuchsdauer wurden die Legehennenküken in Bodenhaltung auf Hobelspäne gehalten. Futter und Wasser standen den Tieren ad libitum zur Verfügung. Nach Empfehlungen des Zuchtunternehmens wurde ein konventionelles Lichtprogramm eingestellt. Die Temperatur wurde von 34°C am ersten Tag auf 18-20°C in der sechsten Woche reguliert und in diesem Temperaturbereich bis zum Versuchsende in der 12. Woche beibehalten. Ab dem Tag der Infektion wurden die Tiere mit einer Flügelmarke versehen und wöchentlich individuell gewogen. Der gruppenindividuelle Futterverzehr wurde täglich bestimmt.

In der dritten Lebenswoche wurden jeweils 50 Tiere aus jeder der drei Gruppen per oraler Intubation mit einer einmaligen Dosis von 200 bzw. 250 embryonierten Eiern des Dickdarmparasiten *H. gallinarum* oder des Dünndarmparasiten *A. galli* infiziert. Die embryonierten *H. gallinarum* Eier waren frei von Histomonaden. Den Kontrolltieren wurde per oraler Intubation ein Placebo verabreicht. Nach der Infektion resultierten daraus 6 Versuchsgruppen á 50 Tiere, d.h. 3 nicht infizierte und 3 infizierte Gruppen, die weiterhin in Bodenhaltung in jeweils abgetrennten Abteilen gehalten wurden (n = 50 Tiere/Abteil). Die Versuche wurden mit der Schlachtung der Tiere nach tierschutzgerechten Verfahrensweisen in der 12. Lebenswoche beendet.

Für die durchgeführten Stoffwechselversuche wurden aus jeder der 6 Gruppen pro Versuchsdurchgang in der 8. Lebenswoche jeweils 6 zufällig ausgewählte Tiere in Einzel-Stoffwechselkäfige (N = 36 Tiere) verbracht. Die Käfige ermöglichten eine quantitative, tierindividuelle Erfassung des Futterverzehrs und der Exkremente. In dem Untersuchungsraum wurde ebenfalls ein konventionelles Lichtprogramm angewendet. Während einer 5-tägigen Adaptationsphase standen den Tieren Wasser und Futter ad libitum zur Verfügung. Danach folgte eine 5-tägige Sammelperiode, in der das Futter in zwei der jeweils drei Versuchsdurchgänge je Wurminfektion ad libitum und in je einem Versuchdurchgang restriktiv verabreicht wurde. Das Wasser wurde auch in diesem Zeitraum ad libitum angeboten. Das Gewicht der Tiere wurde zum Anfang und Ende der Sammelphase tierindividuell aufgezeichnet. Wobei sich im Versuchsdurchgang 1 aus versuchstechnischen Gründen eine Gewichtsentwicklung von sieben Tagen und in den Versuchsdurchgängen 2 - 6 von fünf Tagen ergab. Nach Beendigung der Sammelphase wurden die Tiere in der 10. Lebenswoche geschlachtet und Probenmaterial für weitere Analysen entnommen.
Zwischen den Durchgängen wurden der Stall und die Stoffwechselkäfige gereinigt und desinfiziert.

Im Folgenden werden - abgesehen von den Daten zur Extrakt-Viskosität - nur Daten aus den Stoffwechselversuchen präsentiert.

## 3.2 Eingesetzte Futtermischungen

Die Zusammensetzung der Versuchsfuttermischungen zeigt Tabelle 2. Die Kontrollmischung (K) enthielt Weizen, Gerste, Fischmehl[1], Kasein, Sojaöl, Zusatzstoff-Vormischung[2], Monocalciumphosphat und Calciumcarbonat. In den Mischungen U-NSP

[1] Fischmehl mit 64% Rohprotein und 8% Rohfett.
[2] Zusatzstoff-Vormischung 77046 der Firma Vilomix: 1.200.000 I.E. Vitamin A, 350.000 I.E. Vitamin $D_3$, 4.000 mg Vitamin $B_1$, 800 mg Vitamin $B_2$, 600 mg Vitamin $B_6$, 3.200 mg Vitamin $B_{12}$, 450 mg Vitamin $K_3$, 4.500 mg Nikotinsäure, 1500 mg Ca-Pantothenat, 120 mg Folsäure, 5.000 mg Biotin, 55.000 mg Cholinchlorid, 3.200 mg Fe-(II)-Sulfat, 1.200 mg Cu, 1.200 mg Cu-(II)-Sulfat-Pentahydrat, 10.000mg Mn-(II)-Oxid, 160 mg Jod, 160 mg Ca-Jodat-Hexahydrat, 40 mg Na-Selenit, 64 mg Cobalt, 64 mg basisches Co-(II)-Carbonat-Monohydrat, 10.000 mg BHT. Alle Angaben je kg Zusatzstoff-Vormischung.

und L-NSP wurden der Kontrollmischung pro kg 100g Erbsenschalen[3] bzw. 100g getrocknetes Zichorienwurzelmehl[4] zugelegt. Die drei Futtermischungen wurden jeweils mit 10g Titandioxid ($TiO_2$)/kg Futter angereichert und in institutseigenen Anlagen gemischt und pelletiert.

Tab.2: Zusammensetzung der Futtermischungen (g/kg)

| **Komponente** | **K** | **U-NSP** | **L-NSP** |
|---|---|---|---|
| Erbsenschalen | - | 91 | - |
| Zichorienwurzelmehl | - | - | 91 |
| Weizen | 540 | 491 | 491 |
| Gerste | 290 | 264 | 264 |
| Fischmehl 64/8 | 80 | 73 | 73 |
| Kasein | 45 | 41 | 41 |
| Sojaöl | 20 | 18 | 18 |
| Zusatzstoff-Vormischung | 10 | 9 | 9 |
| Monocalciumphosphat | 9 | 8 | 8 |
| Calciumcarbonat | 6 | 5 | 5 |

K = Kontrollfutter; U-NSP = Futter mit Erbsenschalen (unlösliche NSP); L-NSP = Futter mit Zichorienwurzelmehl (lösliche NSP); - = nicht enthalten

In den Tabellen 3 und 4 sind jeweils die im Durchschnitt aller durchgeführten Stoffwechselversuche mit A. galli oder H. gallinarum ermittelten Gehalte der Futtermischungen an Trockenmasse und Inhaltsstoffen sowie die nach WPSA-Formel[5] berechneten Gehalte an umsetzbarer Energie ($AME_N$) aufgezeigt (GfE, 1999). Zuckergehalte wurden für die Berechnungen der umsetzbaren Energie anhand der eingesetzten Komponenten kalkuliert und abgeleitet. Die Ergebnisse während der Stoffwechselphase je Durchgang durchgeführten Futteranalysen gehen aus den ATab.1 - 3 des Anhangs hervor.

---

[3] Produkt „Exafine 500“ der Firma SOKODE, 7740 Warcoing, Belgien.
[4] Produkt „Fibrofos 60“ der Firma SOKODE, 7740 Warcoing, Belgien. Der Inulingehalt beträgt 60 Prozent.
[5] $AME_N$ (kJ/kg) = 15.51 * XP (g/kg) + 34.31 * XL (g/kg) + 16.69 * Stärke (g/kg) + 13.01 * Zucker (g/kg)

Tab.3: Gehalte der Futtermischungen an Trockenmasse (g T/kg) und Inhaltsstoffen (g/kg T) im Durchschnitt aller Stoffwechselversuche mit *A. galli*

| **Inhaltsstoff** | **K** | **U-NSP** | **L-NSP** |
|---|---|---|---|
| Trockenmasse | 903 | 904 | 904 |
| organische Masse | 937 | 939 | 936 |
| Rohprotein | 218 | 199 | 196 |
| Rohfett | 41 | 37 | 38 |
| Stärke | 485 | 446 | 423 |
| NDF | 121 | 174 | 120 |
| ADF | 30 | 90 | 35 |
| Hemicellulose | 91 | 84 | 85 |
| unlösliche NSP | 103 | 177 | 102 |
| lösliche NSP | 20 | 24 | 26 |
| NFC | 558 | 530 | 582 |
| Inulin | - | - | 53 |
| $AME_N$ (MJ/kg T) | 13.22 | 12.10 | 11.93 |

K = Kontrollfutter; U-NSP = Futter mit Erbsenschalen (unlösliche NSP); L-NSP = Futter mit Zichorienwurzelmehl (lösliche NSP); - = nicht analysiert; $AME_N$ (MJ/kg T) mit kalkuliertem Zuckerwert der eingesetzten Komponenten abgeleitet

Tab.4: Gehalte der Futtermischungen an Trockenmasse (g T/kg) und Inhaltsstoffen (g/kg T) im Durchschnitt aller Stoffwechselversuche mit *H. gallinarum*

| **Inhaltsstoff** | **K** | **U-NSP** | **L-NSP** |
|---|---|---|---|
| Trockenmasse | 901 | 903 | 904 |
| organische Masse | 939 | 940 | 939 |
| Rohprotein | 213 | 191 | 201 |
| Rohfett | 40 | 38 | 38 |
| Stärke | 514 | 476 | 435 |
| NDF | 119 | 179 | 114 |
| ADF | 34 | 94 | 38 |
| Hemicellulose | 85 | 85 | 76 |
| unlösliche NSP | 103 | 172 | 103 |
| lösliche NSP | 21 | 23 | 24 |
| NFC | 567 | 532 | 587 |
| Inulin | - | - | 50 |
| $AME_N$ (MJ/kg T) | 13.58 | 12.51 | 12.23 |

K = Kontrollfutter; U-NSP = Futter mit Erbsenschalen (unlösliche NSP); L-NSP = Futter mit Zichorienwurzelmehl (lösliche NSP); - = nicht analysiert; $AME_N$ (MJ/kg T) mit kalkuliertem Zuckerwert der eingesetzten Komponenten abgeleitet

In den Stoffwechseldurchgängen 1, 3, 5 und 6 wurde das Futter ad libitum angeboten. In den Stoffwechseldurchgängen 2 und 4 erfolgte die Futterzuteilung restriktiv, um nach Maßgabe eines Zulageversuchs sicherzustellen, dass sämtliche Tiere vergleichbare Mengen an Kontrollfutter aufnahmen. Dazu wurde den Tieren während der ersten vier Tage der Adaptationsphase das Futter ad. libitum verabreicht und der Verzehr an den Tagen drei und vier mit einem Zuschlag von 5% als Referenz für die folgenden Versuchstage genommen. Als für alle Versuchsgruppen geltende Referenzmenge diente der Mittelwert der Gruppe mit dem geringsten Verzehr. Entsprechend erhielten die Tiere der Kontrollgruppe immer die geringste Menge an Futter und die Tiere der der NSP-Gruppen vergleichbare Mengen an Kontrollfutter und zusätzlich die NSP-Zulagen. Die Futtermengen wurden darüber hinaus nach infizierten und nicht infizierten Gruppen unterschieden.

## 3.3 Versuchsablauf

Nach der 5-tägigen Adaptationsphase in den Stoffwechselkäfigen folgte die 5-tägige Sammelphase zur quantitativen Erfassung der Exkremente. Die Exkremente wurden in Metallboxen mit Vorlagen von 3ml 0,01 N Schwefelsäure zweimal am Tag gesammelt und nach jeder Sammlung bei -20°C tiefgefroren. Das vollständige Entfernen der Exkremente aus den Metallsammelboxen erfolgte unter Hinzufügen von destilliertem Wasser. Am Ende der 5-tägigen Sammelperiode folgten am Tag vor der Schlachtung nachmittags und am Schlachttag morgens Probenahmen von Exkrementen zur Bestimmung der $TiO_2$–Konzentration. Des Weiteren wurde den Tieren nach der Schlachtung der gesamte Dünndarm entnommen. Die Proben wurden unverzüglich bis zur weiteren Analyse bei -20°C tiefgefroren.

Zur Bestimmung der Extrakt-Viskosität der Dünndarmdigesta wurden zum Versuchsende in der 12. Woche je 10 der in Bodenhaltung verbliebenen Tiere pro Gruppe (n = 60) von einem A. galli- und einem H. gallinarum-Versuchsdurchgang geschlachtet. Den Tieren wurde nach der Schlachtung der gesamte Dünndarm entnommen. Dieser wurde am Meckel´schem Diverticulum getrennt. Die dadurch gewonnenen zwei Dünndarmproben wurden unmittelbar nach dem Schlachten einzeln ausgestreift und der komplette Digestainhalt jeweils in Falconröhrchen überführt. Die Proben wurden sofort bis zur weiteren Analyse bei -20°C tiefgefroren.

Tabelle 5 gibt eine Übersicht über die Zeiträume und Zuordnungen der einzelnen Versuchsdurchgänge.

Tab.5: Zeiträume und Zuordnungen der einzelnen Versuchsdurchgänge

| **Durchgang** | **Zeitraum** | **Nematode** | **Infektionsdosis** |
|---|---|---|---|
| **1** | 07. – 09.2007 | *A. galli* | 250 |
| **2** | 02. – 04.2008 | *A. galli* | 250 |
| **3** | 05. – 07. 2008 | *A. galli* | 250 |
| **4** | 08. – 10.2008 | *H. gallinarum* | 200 |
| **5** | 01. – 04.2009 | *H. gallinarum* | 200 |
| **6** | 04. – 06.2009 | *H. gallinarum* | 200 |

## 3.4 Analytische Methoden

### 3.4.1 Aufarbeitung des Probenmaterials

Zur Bestimmung der Nährstoffgehalte in den Futtermitteln, wurden in regelmäßigen Abständen Proben der einzelnen Futtermischungen gezogen (drei- bis fünfmal je Durchgang). Die pelletierten Proben wurden in einer Retschmühle mit 0.5mm Siebeinsatz vermahlen und in Plastikbechern aufbewahrt.

Die bei -20°C tiefgefrorenen Exkrementproben der Sammelperioden wurden aufgetaut, mittels eines Küchenstabmixers (ProMix standard, Fa. Krups) homogenisiert und anschließend gefriergetrocknet (EPSILON 2-40, Fa. Christ). Die gefriergetrockneten Exkrementproben wurden in einer Retschmühle mit 0.5mm Siebeinsatz vermahlen und bis zu weiteren Analysen in Plastikbechern in einer luftdichten Styroporbox gelagert.

Die tiefgefrorenen Darmproben wurden nach dem Auftauen zur Unterbindung mikrobieller Aktivität auf Eis gelagert. Sie dienten zu Analysen auf NSP, Inulin und Titan. Dazu wurde der gesamte Darminhalt in eine Plastikschale ausgedrückt und der Darm mit einer 24 ml Einwegspritze mit destilliertem Wasser ausgespült. Die Proben wurden anschließend gefriergetrocknet (EPSILON 2-40, Fa. Christ). Die gefriergetrockneten Proben wurden gewogen und zur Gewinnung ausreichender Mengen für alle Analysen innerhalb Versuchsgruppen so gepoolt, dass möglichst viele Analysenproben pro Versuchsgruppe verblieben. Die im Anschluss an die Sammelperiode vor dem Schlachten genommenen Exkrementproben wurden ebenfalls gefriergetrocknet und unter Berücksichtigung der jeweiligen Tiernummern analog zu den Darminhaltsproben gepoolt. Die Vermahlung der gepoolten gefriergetrockneten Proben erfolgte in einer elektrischen Kaffeemühle (Type HM 3240, Fa. Philips).

### 3.4.2 Nährstoffe

Die absolute Trockenmasse von Futter-, Exkrement- und Darminhaltsproben wurde bei 103°C bis zur Gewichtskonstanz bestimmt. Die Veraschung zur Bestimmung der Rohasche erfolgte im Muffelofen bei 550°C. Zur Bestimmung von Stickstoff und Rohprotein (N x 6,25) diente das Kjeldahl-Verfahren, Rohfett wurde nach dem Soxhlet-Verfahren und Stärke polarimetrisch analysiert (NAUMANN und BASSLER, 1976). Die neutrale und saure Detergentienfaser (NDF bzw. ADF) wurde nach Vorbehandlung mit Amylase nach VAN SOEST et al.(1991) inklusive Asche bestimmt. Bei Abweichung der Doppelbestimmungen um mehr als 5% vom Mittelwert wurden die Analysen wiederholt.

### 3.4.3 Nicht-Stärke-Polysaccharide

*Methode*

Die NSP wurden mittels einer enzymatischen Methode (Method 1: Determination of total, soluble and insoluble dietary fibre, Total Dietary Fibre Assay Kit (K-TDFR) 06/07; Fa. Megazyme International Ireland Limited 2007) bestimmt (AOAC Methode 991.43 "Total, Soluble, and Insoluble Dietary Fiber in Foods", First Action 1991; AACC Methode 32-07 "Determination of Soluble, Insoluble, and Total Dietary Fiber in Foods and Food Products", Final Approval 10-16-91). Eine vereinfachte Modifikation findet sich unter AACC Methode 32-05 und AACC Methode 32-21 (MEGAZYME, 2007).

*Prinzip*

Das Prinzip der Methode beruht darauf, dass eine Probe mit hitzestabiler α-Amylase, Protease und Amyloglucosidase behandelt wird, um eine aufeinanderfolgende enzymatische Verdauung zu erreichen. Dafür werden Parallelproben bei ungefähr 100°C mit hitzestabiler α-Amylase gekocht, um eine Gelantinisierung, Hydrolyse und Depolymerisation von Stärke zu erreichen. Des Weiteren werden die Proben bei 60 °C mit Protease zum auflösen und depolymerisieren des Proteins und mit Amyloglucosidase zur Hydrolyse der Stärkefragmente zu Glucose inkubiert. Die mit Enzymen behandelte Probe wird gefiltert und mit warmem destilliertem Wasser gewaschen. Bei dem sich in der Fritte befindlichen gefilterten Rückstand handelt es sich um unlösliche NSP. Zur Gewinnung löslicher NSP wird das entstandene Filtrat mit 4 Volumen 95% Ethanol ausgefällt und gefiltert. Beide Rückstände von unlöslichen und löslichen NSP werden jeweils unmittelbar nach dem filtrieren mit Ethanol und Aceton gewaschen und anschließend getrocknet und gewogen. Ein Duplikat jeder Probe wird jeweils zur Analyse auf Protein (nach Kjeldahl) bzw. auf Asche (für 5h bei 500°C) verwendet, da für die abschließende Berechnung der NSP um Protein und Asche, zusätzlich auch um einen Leerwert korrigiert wird (MEGAZYME, 2007).

*Probenmaterial und Reagenzien*

Es wurden Futter-, Exkrement- und Darminhaltsproben auf NSP analysiert. Dazu dienten die in Tabelle 6 aufgeführten Reagenzien.

Tab.6: Reagenzien zur Bestimmung von unlöslichen und löslichen NSP

| **Reagenz** | **Hersteller** |
|---|---|
| Aceton | AppliChem |
| α-Amylase, hitzestabil | Megazyme |
| Amyloglucosidase | Megazyme |
| Celite | Megazyme |
| Ethanol (EtOH) 96% | Applichem |
| 2-Morpholinoethansulfonsäure-Monohydrat (MES) | Merck |
| Natronlauge (NaOH) 6 M | AppliChem |
| Protease | Megazyme |
| Reinigungslösung Micro 90 | IPC Trent. NJ |
| Salzsäure (HCl) 6 M | AppliChem |
| Tris(hydroxymethyl)-aminomethan (TRIS) | Merck |

*Schema*

Das Analysenschema zur Bestimmung der unlöslichen und löslichen NSP ist in Abbildung 2 aufgezeigt.

Probe (0,5g) in Parallele in 600ml Becherglas

▼

+ 40 ml MES-TRIS Puffer, pH 8.2 bei 24°C

▼

+ 50µl α-Amylase

▼

Wasserbad, 95 – 100°C, 35 min

▼

Becherglaswand mit Spatel abschaben, wenn nötig mit 10 ml Wasser spülen

▼

+ 100µl Protease

▼

Wasserbad, 60°C, 30 min

▼

+ 5 ml 0.561 HCL bei pH 4.1 – 4.8 und + 200µl Amyloglucosidase

▼

Wasserbad, 60°C, 30 min

▼

Durch Fritte filtern

▼

2 x mit 10 ml 70°C Wasser waschen

↙ Fitrat + gewaschenes Wasser

▼

Lösung wiegen

▼

+ 4 vol 95% EtOH bei 60°C

▼

Ausfällung für 1 h

▼

Filtrieren + Rückstand in Fritte 2x mit 15 ml 78% sowie 95% EtOH und Aceton waschen

▼

Fritte über Nacht bei 103°C trocknen

↙ Protein ↘ Asche

↘ lösliche NSP ↙

↘ Rückstand in Fritte 2x mit 10 ml 95% EtOH und Aceton waschen

▼

Fritte über Nacht bei 103°C trocknen

↙ Protein ↘ Asche

↘ unlösliche NSP ↙

Abb.2: Analysenschema zur Bestimmung der unlöslichen und löslichen NSP nach MEGAZYME (2007)

*Berechnung der unlöslichen und löslichen NSP*

Die ermittelten Werte für unlösliche und lösliche NSP, die sich aus der Probeneinwaage und Rückwaage ergeben, wurden um die Gewichte der analysierten Asche und Proteingehalte korrigiert. Des Weiteren erfolgte eine Korrektur um einen Leerwert, der für jeden Analysendurchgang nach dem allgemeinen Schema ohne Probeneinwaage ermittelt wurde. Die unlöslichen und löslichen NSP ließen sich mit der folgenden Formel berechnen:

$$\text{unlösliche bzw. lösliche NSP (\%)} = \frac{\frac{R_1 + R_2}{2} - p - A - B}{\frac{m_1 + m_2}{2}} \text{ x } 100$$

wobei gilt:

$R_1$ = Rückwaage 1 von $m_1$; $R_2$ = Rückwaage 2 von $m_2$;

$m_1$ = Probeneinwaage 1; $m_2$ = Probeneinwaage 2;

A = Gewicht Asche von $R_1$; p = Gewicht Protein von $R_2$ und B = Leerwert

$$B = \frac{BR_1 + BR_2}{2} - BP - BA$$

wobei gilt:

BR = Rückwaage Leerwert; BP = Leerwert Protein von $BR_1$; BA = Leerwert Asche von $BR_2$

## 3.4.4 Inulin

*Methode und Prinzip*

Die Analytik von Inulin (NAUMANN und BASSLER, 1976) wurde auf Grund geringer Probemengen modifiziert. Die Methode beruht darauf, dass zunächst durch Extraktion mit Ethanol der in der Probe enthaltene Zucker entfernt wird. Dem Extraktionsrückstand wird das Inulin durch Wasser entzogen. Der anschließend mit Salzsäure behandelte wässrige Extrakt wird geklärt, gefolgt von der photometrischen Bestimmung der durch Hydrolyse entstandenen Fructose.

*Probenmaterial und Reagenzien*

Es wurden nur Futtermittel-, Exkrement- und Darminhaltsproben der Versuchsgruppen, in denen das Futter L-NSP zum Einsatz kam, auf Inulin analysiert. Aufgrund vorausgehender Testanalysen ließ sich Inulin in Proben der anderen Versuchsgruppen nicht nachweisen.

Zur Analyse auf Inulin dienten die in Tabelle 7 aufgezeigten Reagenzien. Zu Beginn der Analysen wurden die erforderlichen Reagenzienlösungen angesetzt: Eine Resorcinlösung (0,1%) mit Resorcin in 95% Ethanol und eine neutrale, gesättigte Bleiacetatlösung mit Bleiacetat in Wasser. Des Weiteren wurde eine Fructosestammlösung mit 100 mg Fructose/ 100 ml mit Benzoesäure gesättigtem Wasser hergestellt. Diese Lösung wurde im Kühlschrank aufbewahrt. Bei Bedarf erfolgte eine Verdünnung, indem in einem Meßkolben 4 ml der Stammlösung auf 100 ml mit Wasser verdünnt wurden. Die 4 mg Fructose/100ml enthaltene Standardlösung diente unter Berücksichtigung der Verdünnungsstufen zur Berechnung der Fructosegehalte in den Proben (NAUMANN und BASSLER, 1976).

Tab.7: Reagenzien zur Bestimmung von Inulin

| **Reagenz** | **Hersteller** |
|---|---|
| Benzoesäure | AppliChem |
| Blei(II)-acetat-Trihydrat | Merck |
| Ethanol (EtOH) 80% und 96% | AppliChem |
| D(-)-Fructose | Merck |
| di-Kaliumoxalat-Monohydrat | Merck |
| Resorcin | Merck |
| Salzsäure (HCl) 32% | AppliChem |

*Schema*

Der Inulingehalt der Proben wurde nach dem in Abbildung 3 dargestellten Analysenschema ermittelt.

Probe (125mg) in ein Blaubandfilter 589/3 (Größe 150mm) Porengröße 1-2µm einwiegen, falten und in zweiten Blaubandfilter einfalten

▼

Inkubation für 4h in Wägeglas mit 100 ml EtOH (80%), alle 30 Min. schwenken

▼

Abtropfen von Filter in Becherglas

▼

Saugfiltration mit 10-20ml EtOH (80%) zur Überführung auf Blaubandfilter (Größe 25mm)

▼

Filter in 25ml Meßkolben überführen

▼

EtOH auf Filter über Nacht oder 2h bei 40°C verdunsten lassen

▼

Meßkolben + 5ml dest. Wasser für 10 Min. ins Wasserbad (95-100°C)

▼

+ 17.5ml dest. Wasser für 30 Min. ins Wasserbad (95-100°C), alle 10 Min. schwenken

▼

Abkühlung auf 20°C

▼

Ausfällung mit Bleiacetatlösung

▼

Mit Wasser bis zu Marke auffüllen, schütteln

▼

8ml Lösung in Zentrifugenglas mit Kaliumoxalat pipettieren und 10 Min. zentrifugieren (3000rpm)

▼

Verdünnung von Überstand (7ml) mit 8ml Wasser + 2ml Überstand

▼

5ml Verdünnung, 5ml Fructosestandardlösung (4mg/100ml) und 5ml Wasser (Reagenzienblindwert) jeweils in 3 Reagenzgläser pipettieren

▼

+ 5ml Resorcinlösung und + 15ml HCL in jedes Reagenzglas

▼

Wasserbad für 20 Min. bei 80°C

▼

Abkühlung auf Raumtemperatur

▼

Photometrische Extinktionsmessung bei 485nm mit Spektralphotometer

Abb.3: Mikromethode zur Bestimmung von Inulin, modifiziert nach NAUMANN und BASSLER (1976)

*Berechnung von Inulin*

Der Gehalt an Inulin wurde als Fructose, nach folgender Formel berechnet (NAUMANN und BASSLER, 1976).

$$\text{Inulin (mg)} = \frac{\text{Extinktion Probe x Fructosegehalt Standardlösung}}{\text{Extinktion Fructosestandardlösung}}$$

### 3.4.5 Titandioxid

Die Titandioxidanalyse erfolgte nach HEINRICHS (1989). Danach müssen die zu analysierenden Substanzen durch geeignete Aufschlussverfahren und -mittel, wie Säureaufschlüsse, basische und saure Schmelzaufschlüsse bzw. Reduktionsschmelzen, in lösliche Verbindungen überführt werden, um die quantitative Analyse vornehmen zu können. Die Wahl der geeigneten Aufschlussmittel, um die Analysensubstanz, im vorliegenden Fall Futter-, Exkrement- und Darminhaltsproben, vollständig und ohne große Kontaminationen in Lösung zu bringen, ist Vorraussetzung für die erfolgreiche quantitative Analyse. Dazu wurden unterschiedliche Säureaufschlüsse erprobt. Ein Aufschluss mit konzentrierter Fluorwasserstoffsäure und konzentrierter Salpetersäure lieferte die besten Resultate. Die Aufschlüsse erfolgten in Autoklaven, die aus einer Aluminiumhalterung und aluminiumummantelten Polytetrafluorethylen (PTFE)-Tiegeln bestanden. Beim Aufheizen dehnte sich der Tiegel nach oben hin aus und wurde auf diese Weise fest verschlossen.

Der Aufschluss und die quantitative Analyse wurden im Büsgen-Institut in der Abteilung „Ökopedologie der gemäßigten Zonen“ der Georg-August-Universität Göttingen durchgeführt. Es wurden ca. 200 mg gefriergetrocknetes Probenmaterial in Aufschlusstiegel eingewogen und mit jeweils 2 ml konzentrierter Salpetersäure versetzt. Die Autoklaven wurden nach dem Verschließen in einem Trockenschrank langsam für acht Stunden auf 180°C aufgeheizt. Anschließend wurden die abgekühlten Proben mit 1 ml konzentrierter Fluorwasserstoffsäure versetzt und auf einer Heizplatte (ca. 120°C) eingedampft, wobei darauf geachtet werden musste, das die Proben nicht vollständig eintrockneten. Danach wurden die Aufschlusslösungen nach erneuter vollständiger Abkühlung mit destilliertem Wasser auf ein Volumen von 50 ml aufgefüllt. Die Lösungen wurden bis zur quantitativen Analyse in Polyethylenflaschen aufbewahrt. Der Titangehalt (ppm) wurde mit Hilfe eines optischen Emissionsspektrometers mit induktiv gekoppelter Plasmaanregung (Spectro Ciros CCD) gemessen.

Im Folgenden werden durch Umrechnung mit dem Faktor 1,6685 stets die Gehalte an Titandioxid in der Trockensubstanz angegeben (Titandioxid: 79,8658 g/mol; Titan: 47,8670 g/mol; Sauerstoff: 15,9994 g/mol).

In den entsprechenden Futtermischungen wurde der Markergehalt jeweils in Parallele bestimmt.

### 3.4.6 Extrakt-Viskosität

Die Bestimmung der Extrakt-Viskosität der Futtermittel und des Dünndarminhaltes erfolgte am Friedrich-Löffler-Institut (FLI) im Institut für Tierernährung in Braunschweig.

Für die Analyse der Futtermittel wurden zu 1g Futtermittel 2ml $H_2O$ bidest hinzugefügt und die Probe dann für 30 Minuten im Wasserbad bei 40°C inkubiert, wobei vor, nach 10 Minuten, nach 20 Minuten und nach 30 Minuten des Inkubierens geschüttelt wurde. Danach wurde für 5 Minuten zentrifugiert bei 3.000 rpm und 4°C. Der Überstand wurde abpipettiert bevor erneut für 2 Minuten bei 10.000 rpm und 4°C zentrifugiert wurde. Anschließend wurden 500µl des Überstandes in das Viskosimeter gegeben und bei 40°C und 60 rpm gemessen in Millipascal-Sekunde (mPas). Vor und nach jeder Probe wurde gegen $H_2O$ bidest kalibriert.

Die zur Messung der Extrakt-Viskosität der Dünndarmdigesta benötigten zwei Segmente je Dünndarm, lassen sich zum einem in die Jejunum-Digesta einteilen, welche den gesamten Digestainhalt zwischen Anfang Duodenum und Meckel´schem Diverticulum bezeichnen und zum anderem in die Ileum-Digesta, welche den Abschnitt zwischen Meckel´schem Diverticulum und Ende Ileum umfassen. Die einzelnen Digestaproben der zehn Tiere pro Versuchsgruppe wurden so gepoolt, das fast in jeder Gruppe drei Viskositätsmessungen durchgeführt werden konnten.

Die Extrakt-Viskosität der Jejunum-Digesta und der Ileum-Digesta wurde nach der von DUSEL et. al (1997) beschriebenen Methode ermittelt. Zunächst wurden die gepoolten Proben in Plastik-Reagenzröhrchen überführt und bei 4°C und 15.000 Umdrehungen für 15 Min. zentrifugiert (J2-HS, Fa. Beckmann). Der entstandene Überstand wurde in Eppendorf Cups abpipettiert und danach ein zweites Mal bei 4°C und 14.000 Umdrehungen für 10 Min. zentrifugiert (J2-HS, Fa. Beckmann) und anschließend auf Eis gelagert. Die Messung erfolgte mittels eines Digitalviskosimeters (LV DV-II +, Fa. Brookfield). Hierfür wurden, wenn möglich, je gepoolter Probe drei Parallelmessungen á 500µl bei jeweils konstanter Rotationsgeschwindigkeit (rpm) von 60, 30, 12, 6, 3, 1.5, 0.6, 0.3 und 40°C gemessen. Das Gerät wurde vor sowie zwischen den Messungen gegen Wasser kalibriert. Die gemessenen Werte der Viskosität wurden in Millipascal-Sekunde (mPas) angegeben.

Die insgesamt durchgeführten Analysen und das jeweils verwendete Probenmaterial je Durchgang sind der Übersicht in Tabelle 8 zu entnehmen.

Tab.8: Übersicht zu den durchgeführten Analysen

| Analyse | Probenmaterial | Durchgang 1 | 2 | 3 | 4 | 5 | 6 |
|---|---|---|---|---|---|---|---|
| **Nährstoffe** | Futter | x | x | x | x | x | x |
| | Exkremente | x | x | x | x | x | x |
| **NSP** | Futter | x | x | x | x | x | x |
| | Exkremente | x | x | - | x | x | - |
| | Dünndarmdigesta gepoolt | x | x | - | x | x | - |
| | Exkremente gepoolt | x | x | - | x | x | - |
| **Inulin** | Futter | x | x | x | x | x | x |
| | Exkremente | x | x | x | x | x | x |
| | Dünndarmdigesta gepoolt | x | x | x | x | x | x |
| | Exkremente gepoolt | x | x | x | x | x | x |
| **Titan** | Futter | x | x | x | x | x | x |
| | Dünndarmdigesta gepoolt | x | x | x | x | x | x |
| | Exkremente gepoolt | x | x | x | x | x | x |

x = analysiert; - = nicht analysiert

### 3.4.7 Auswertung der ermittelten Daten

Die durch quantitative Erfassung der Futter- und Exkrementmengen ermittelten Ergebnisse ermöglichen Input-/Output-Ableitungen für die analysierten Futtersubstanzen. Aus methodischen Gründen (keine Trennung von Kot- und Harnausscheidungen) können solche Substanzen, die nur im Intestinaltrakt abgebaut und deren nicht abgebaute Anteile allein über den Kot zur Ausscheidung kommen, als „verdaut" bezeichnet werden. Dazu zählen die nur mikrobiell spaltbaren Faserfraktionen (NDF, NSP) des Futters. Trockenmasse und Stickstoff der Exkremente stammen dagegen aus teilweise intestinalen und renalen Ausscheidungen, die Bilanzierung mit den verzehrten Mengen führt daher zu den im Tierkörper retinierten Mengen. Die diesbezüglichen Grunddaten der einzelnen Versuchsdurchgänge sind den Anhangstabellen ATab.12 – 49 zu entnehmen.

Außerdem wurden Relationen zwischen den Gehalten von Futter-, Exkrement- und Darminhaltsproben an $TiO_2$ und NSP berechnet, die zur genaueren Einschätzung des Verdauungsgeschehens dienen sollten. Die hierzu ermittelten Grunddaten sind für die einzelnen Versuchsdurchgänge in den Anhangstabellen ATab.50 – 77 zusammengestellt.

Die Verdaulichkeiten wurden mittels Indikator- und Sammelmethode bestimmt. Die Verdaulichkeit nach Sammelmethode ergibt sich aus dem Verhältnis der verdauten Menge des Nährstoffes zur Aufnahme des Nährstoffes im Futter. Die Verdaulichkeit nach Indikatormethode lässt sich aus dem Verhältnis von Indikator und Nährstoff in Futter und Kot wie folgt errechnen (KIRCHGESSNER, 2004):

$$\text{Verdaulichkeit (\%)} = 100 - \left( \frac{\text{\% Indikator im Futter}}{\text{\% Indikator im Kot}} \text{ x } \frac{\text{\% Nährstoff im Kot}}{\text{\% Nährstoff im Futter}} \text{ x } 100 \right)$$

In den Ergebnistabellen für einzelne Parameter angegebene unterschiedliche Anzahlen von Beobachtungen beruhen auf der Eliminierung von Einzeldaten je Versuchstier, die extrem von physiologisch sinnvoll erklärbaren Bereichen abwichen und deshalb nicht in die statistische Auswertung einbezogen wurden.

## 3.5 Statistik

Die Versuchsdurchgänge wurden getrennt nach Infektionen mit *A. galli* oder *H. gallinarum* ausgewertet. Grundlage der Auswertung war ein 3x2 faktorielles Versuchsdesign. Die Auswertung der Daten erfolgte mit dem Statistikprogramm PROC MIXED SAS 9.1.3. Als fixe Effekte gingen die Fütterung, die Infektion sowie die Interaktion zwischen Fütterung und Infektion in die Analyse ein. Der zufällige Durchgangseffekt wurde ebenfalls berücksichtigt.

Für die Analyse der ermittelten Daten wurde folgendes Modell angewendet:

$$y_{ijkl} = \mu + \alpha_i + \beta_j + (\alpha\beta)_{ij} + \gamma_k + \varepsilon_{ijkl}$$

wobei gilt:

| | |
|---|---|
| $y_{ijkl}$ | Beobachtungswert |
| $\mu$ | Gesamtmittel |
| $\alpha_i$ | Effekt der Fütterung (i = 1, 2, 3) |
| $\beta_j$ | Effekt der Infektion (j = 0, 1) |
| $(\alpha\beta)_{ij}$ | Interaktion zwischen der Fütterung und der Infektion (ij = 1-6) |
| $\gamma_k$ | zufälliger Durchgangseffekt (1, 2, 3) |
| $\varepsilon_{ijkl}$ | Restfehler |

Für die Auswertung der statistischen Daten galt eine Irrtumswahrscheinlichkeit von $p<0.05$.

Das Modell wurde für die Auswertung der Infektionsparameter und für die Inulinwirkungen in einer reduzierten Version verwendet. Hierbei blieb entweder der Effekt der Infektion oder der Effekt der Fütterung unberücksichtigt. Bei der Auswertung der Inulinwirkungen für die Futtermischung L-NSP wurde nur der Standard Error vom Mittelwert angegeben, da kein Vergleich mit anderen Futtermischungen möglich war.

Zur Auswertung der Unterschiede zwischen den Dünndarmsegmenten bei der Extrakt-Viskosität und beim Vergleich zwischen Dünndarmdigesta und Exkrementen bezüglich der Relation zwischen NSP und $TiO_2$ wurde dem Modell jeweils eine Variable hinzugefügt.

# 4 Ergebnisse

Die Ergebnisse der Stoffwechselversuche werden im Folgenden für Versuchsdurchgänge mit *A. galli*- und *H. gallinarum*-Infektionen getrennt dargestellt.

## 4.1 Versuchsdurchgänge mit *Ascaridia galli*-Infektionen

Die Ergebnisse umfassen Parameter der Infektion, der Körpergewichtsentwicklung und der Futterverwertung sowie Daten zur Verdauungsphysiologie und Nährstoffretention der Tiere. Die statistische Analyse der Daten ergab für keinen der untersuchten Parameter signifikante Wechselwirkungen zwischen den beiden Versuchsfaktoren „Fütterung" und „Infektion". Deshalb werden im Folgenden nach Untergruppen innerhalb Versuchsfaktor gemittelte Durchschnittswerte aus drei Versuchsdurchgängen (LSMEANS) gezeigt. Im Text wird zunächst auf den Einfluss der Fütterung und danach auf den Einfluss der Infektion eingegangen. Die Daten für die einzelnen Versuchsdurchgänge finden sich in Anhangstabellen, auf die im folgenden Text verwiesen wird.

### 4.1.1 Parameter der Infektion

Die durchschnittlichen Infektionsraten und Wurmzahlen pro Tier werden für die mit *A. galli* infizierten Tiere in den Abbildungen 4 und 5 dargestellt. Die Infektionsrate lag bei den Tieren aller drei Fütterungsgruppen unter 50 Prozent, und es wurden 1,2 - 2,4 Würmer pro Huhn festgestellt. Die Versuchsfuttermischungen wirkten sich nicht signifikant auf diese Parameter aus. Infektionsdaten der einzelnen Durchgänge mit *A. galli* enthalten die Tabellen ATab.4 - 6 des Anhangs.

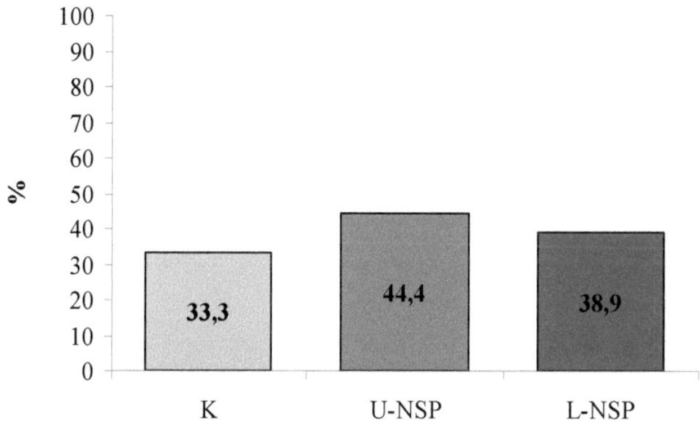


Abb.4: Durchschnittliche Infektionsraten der mit *A. galli* infizierten Tiere (LSMeans; n=18)
K=Kontrollfutter;U-NSP=Futter mit Erbsenschalen (unlösliche NSP);L-NSP=Futter mit Zichorienwurzelmehl (lösliche NSP)

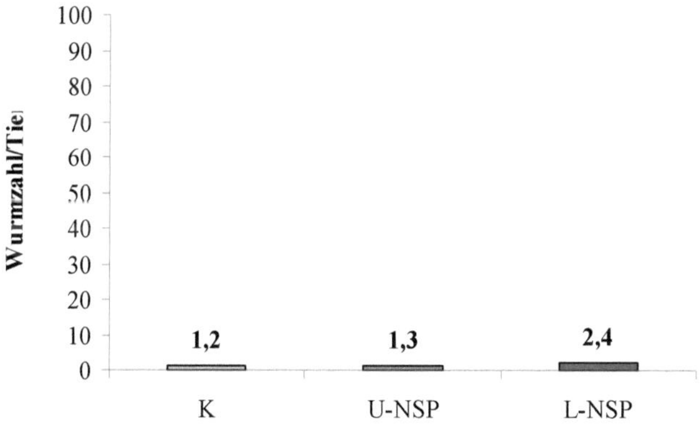


Abb.5: Durchschnittliche Wurmzahlen bei den mit *A. galli* infizierten Tieren (LSMeans;n=18)
K=Kontrollfutter;U-NSP=Futter mit Erbsenschalen (unlösliche NSP);L-NSP=Futter mit Zichorienwurzelmehl (lösliche NSP)

### 4.1.2 Einfluss der Fütterung

Die Körpergewichtsentwicklung und Futterverwertung der wachsenden Junghennen sind in Tabelle 9 aufgezeigt. Die Einzelwerte je Durchgang finden sich im Anhang (ATab.12, 19 und 26). Die NSP-Zulagen führten im Vergleich zur Fütterung der Kontrollmischung unabhängig von der NSP-Löslichkeit zu höheren Futteraufnahmen ($P<0,001$), sie beeinflussten aber die Zunahmen und die Futterverwertung während der Stoffwechselversuchsperioden nicht.

In Tabelle 10 werden die durchschnittlichen, während der Sammelperioden in den Stoffwechselversuchen verzehrten, verdauten und retinierten Futtersubstanzen aufgezeigt. Die Einzeldaten für die Versuchsdurchgänge sind dem Anhang zu entnehmen (ATab.13 – 30). Die Tiere mit den NSP-Zulagen verzehrten im Vergleich zur Kontrollfütterung größere Mengen an Futtertrockenmasse und der höhere Verzehr ging mit Ausnahme der unlöslichen NSP bei Fütterung der L-NSP-Mischung mit gesteigerten Aufnahmen an NDF und NSP einher ($P<0,05$). Die mit U-NSP versorgten Tiere nahmen die größten Mengen an NDF und unlöslichen NSP auf. Die L-NSP-Mischung führte gegenüber der U-NSP-Mischung zu geringerer N-Aufnahme der Tiere. In allen drei Fütterungsgruppen wurden ähnliche Mengen an NDF verdaut. Bei unlöslichen NSP überstiegen die Ausscheidungen die Aufnahmen, so dass sich negative Werte für die verdauten Mengen ergaben. Im Vergleich zur Kontrollfütterung stiegen die Mengen an verdauten löslichen NSP (ohne Inulin) bei Fütterung der U-NSP-Mischung stärker als bei Fütterung der L-NSP-Mischung an ($P<0,05$). Die mit L-NSP gefütterten Tiere retinierten mehr Trockenmasse als die der Kontrollgruppen ($P<0,05$), während die N-Retention von den verschiedenen Futtermischungen unbeeinflusst blieb.

Tab.9: Körpergewichtsentwicklung und Futterverwertung während der Stoffwechselversuchsperioden in den Versuchsdurchgängen mit *A. galli*-Infektionen (LSMeans; N=108)

| | Fütterung (n=36) | | | | | *A. galli* Infektion (n=54) | | | | Interaktion |
|---|---|---|---|---|---|---|---|---|---|---|
| **Parameter** | **K** | **U-NSP** | **L-NSP** | **PSE** | **p-Wert** | **Inf. (-)** | **Inf. (+)** | **PSE** | **p-Wert** | **p-Wert** |
| Anfangsgewicht (g) | 641 | 636 | 620 | 21.127 | 0.053 | 642 | 622 | 20.811 | 0.009 | 0.736 |
| Endgewicht (g) | 725 | 724 | 704 | 24.268 | 0.086 | 729 | 706 | 23.883 | 0.009 | 0.508 |
| Zunahme (g/d) | 15.3 | 15.8 | 15.2 | 2.265 | 0.666 | 15.8 | 15.1 | 2.244 | 0.238 | 0.171 |
| Futteraufnahme (g/d) | $45.2^{a}$ | $49.8^{b}$ | $48.5^{b}$ | 0.596 | <.001 | 48.0 | 47.7 | 0.526 | 0.678 | 0.352 |
| Futterverwertung | 0.34 | 0.32 | 0.31 | 0.046 | 0.262 | 0.33 | 0.32 | 0.045 | 0.285 | 0.312 |

K = Kontrollfutter; U-NSP = Futter mit Erbsenschalen (unlösliche NSP); L-NSP = Futter mit Zichorienwurzelmehl (lösliche NSP); (-) = keine Infektion; (+) = Infektion; Futterverwertung = Zunahme (g/d) / Futteraufnahme (g/d); Hochbuchstaben kennzeichnen signifikante Unterschiede zwischen den LSMeans innerhalb eines Faktors ($p<0.05$)

Tab.10: Durchschnittliche Mengen an verzehrten, verdauten und retinierten Futterstoffen in den Stoffwechselperioden der Versuchsdurchgänge mit *A. galli*-Infektionen (g/Tier und Tag; LSMeans)

| | Fütterung | | | | | *A. galli* Infektion | | | | Interaktion |
|---|---|---|---|---|---|---|---|---|---|---|
| **Parameter** | **K** | **U-NSP** | **L-NSP** | **PSE** | **p-Wert** | **Inf. (-)** | **Inf. (+)** | **PSE** | **p-Wert** | **p-Wert** |
| *Verzehr* | | | | | | | | | | |
| Trockenmasse (N=93) | $40.93^{a}$ | $45.35^{b}$ | $43.80^{b}$ | 0.586 | <.001 | 43.41 | 43.32 | 0.508 | 0.875 | 0.542 |
| NDF (N=92) | $4.93^{a}$ | $7.89^{b}$ | $5.25^{c}$ | 0.248 | <.001 | 6.03 | 6.02 | 0.244 | 0.907 | 0.744 |
| unlösliche NSP (N=57) | $4.33^{a}$ | $8.05^{b}$ | $4.56^{a}$ | 0.074 | <.001 | 5.68 | 5.62 | 0.060 | 0.463 | 0.480 |
| lösliche NSP (N=57) | $0.92^{a}$ | $1.25^{b}$ | $1.28^{b}$ | 0.016 | <.001 | 1.15 | 1.14 | 0.013 | 0.545 | 0.567 |
| Inulin (N=32) | - | - | 2.32 | 0.025* | - | 2.33 | 2.31 | 0.045 | 0.662 | - |
| Stickstoff (N=85) | $1.43^{ab}$ | $1.44^{a}$ | $1.38^{b}$ | 0.031 | 0.028 | 1.42 | 1.42 | 0.023 | 0.940 | 0.774 |
| *verdaut* | | | | | | | | | | |
| NDF (N=92) | 1.02 | 1.05 | 1.24 | 0.566 | 0.339 | 1.27 | 0.94 | 0.562 | 0.015 | 0.765 |
| unlösliche NSP (N=57) | -0.91 | -0.43 | -0.56 | 0.140 | 0.080 | -0.42 | -0.85 | 0.114 | 0.018 | 0.323 |
| lösliche NSP (N=57) | $0.45^{a}$ | $0.66^{b}$ | $0.54^{c}$ | 0.046 | <.001 | 0.66 | 0.44 | 0.044 | <.001 | 0.378 |
| Inulin (N=32) | - | - | 1.87 | 0.044* | - | 1.94 | 1.77 | 0.127 | 0.004 | - |
| *retiniert* | | | | | | | | | | |
| Trockenmasse (N=93) | $27.20^{a}$ | $28.25^{ab}$ | $29.30^{b}$ | 1.385 | 0.009 | 28.58 | 27.91 | 1.356 | 0.221 | 0.987 |
| Stickstoff (N=85) | 0.44 | 0.47 | 0.46 | 0.062 | 0.575 | 0.46 | 0.45 | 0.061 | 0.727 | 0.370 |

K = Kontrollfutter; U-NSP = Futter mit Erbsenschalen (unlösliche NSP); L-NSP = Futter mit Zichorienwurzelmehl (lösliche NSP); (-) = keine Infektion; (+) = Infektion;
- = nicht analysiert und statistisch ausgewertet; Hochbuchstaben kennzeichnen signifikante Unterschiede zwischen den LSMeans innerhalb eines Faktors ($p<0.05$);
*Standard Error vom Mittelwert

Die durchschnittlichen Mengen an Dünndarmdigesta sowie an NSP und Titandioxid in den Dünndarmdigesta sind in Tabelle 11 aufgezeigt. Die Einzelwerte je Durchgang finden sich im Anhang (ATab.55, 60 und 63). Die NSP-Zulagen führten im Vergleich zur Kontrollfütterung zu höheren Mengen an Dünndarmdigesta, die bei Zulage unlöslicher NSP von gesteigerten Mengen dieser Fraktion begleitet wurden ($P<0,05$).

Tabelle 12 zeigt die durchschnittlichen auf $TiO_2$ bezogenen Gehalte des Futters, der Dünndarmdigesta und der Exkremente an NSP. Die Einzelwerte finden sich im Anhang (ATab.50 - 63).

Im Vergleich zur Kontrollmischung und den Zulagen löslicher NSP führten die Zulagen unlöslicher NSP zu relativer Anreicherung dieser Fraktion in den Dünndarmdigesta und den Exkrementen. Die relativen Gehalte der Dünndarmdigesta an löslichen NSP blieben dagegen unbeeinflusst von der Fütterung, sie lagen aber in den Exkrementen der Kontrollgruppe niedriger als bei Fütterung unlöslicher NSP und bei Versorgung mit löslichen NSP am höchsten ($P<0,05$). Darüber hinaus verminderten sich die relativen Gehalte der Dünndarmdigesta an löslichen NSP – und dies traf auch für Inulin zu - bis zu den Exkrementen ($P<0,05$).

Tab.11: Durchschnittliche Mengen an Digesta (g T) sowie an NSP (g) und Titandioxid (g) im Dünndarmdigesta in den Versuchsdurchgängen mit *A. galli*-Infektionen (LSMeans)

| | Fütterung | | | | | *A. galli* Infektion | | | | Interaktion |
|---|---|---|---|---|---|---|---|---|---|---|
| **Parameter** | **K** | **U-NSP** | **L-NSP** | **PSE** | **p-Wert** | **Inf. (-)** | **Inf. (+)** | **PSE** | **p-Wert** | **p-Wert** |
| Menge Dünndarmdigesta (N=49) | 2.84[a] | 3.64[b] | 3.64[b] | 0.794 | 0.002 | 3.24 | 3.50 | 0.787 | 0.189 | 0.626 |
| *Menge in den Dünndarmdigesta* | | | | | | | | | | |
| unlösliche NSP (N=31) | 0.77[a] | 1.14[b] | 0.80[a] | 0.308 | 0.003 | 1.03 | 0.77 | 0.303 | 0.008 | 0.202 |
| lösliche NSP (N=31) | 0.15 | 0.18 | 0.19 | 0.082 | 0.288 | 0.19 | 0.15 | 0.081 | 0.026 | 0.308 |
| Inulin (N=17) | - | - | 0.27 | 0.020* | - | 0.28 | 0.25 | 0.053 | 0.062 | - |
| Titandioxid (N=49) | 0.10 | 0.09 | 0.10 | 0.016 | 0.075 | 0.10 | 0.09 | 0.016 | 0.095 | 0.463 |

K = Kontrollfutter; U-NSP = Futter mit Erbsenschalen (unlösliche NSP); L-NSP = Futter mit Zichorienwurzelmehl (lösliche NSP); (-) = keine Infektion; (+) = Infektion; - = nicht analysiert und statistisch ausgewertet; Hochbuchstaben kennzeichnen signifikante Unterschiede zwischen den LSMeans innerhalb eines Faktors ($p<0.05$); *Standard Error vom Mittelwert

Tab.12: Durchschnittliche relative Gehalte des Futters, der Dünndarmdigesta und der Exkremente an NSP (g/g $TiO_2$) in den Versuchsdurchgängen mit *A. galli*-Infektionen (LSMeans)

| | Fütterung | | | | | *A. galli* Infektion | | | | Interaktion |
|---|---|---|---|---|---|---|---|---|---|---|
| **Parameter** | **K** | **U-NSP** | **L-NSP** | **PSE** | **p-Wert** | **Inf. (-)** | **Inf. (+)** | **PSE** | **p-Wert** | **p-Wert** |
| *unlösliche NSP / Titandioxid* | | | | | | | | | | |
| Futter (N=6) | 9.86* *(0.287)* | 15.85* *(8.476)* | 9.62* *(0.515)* | - | - | - | - | - | - | - |
| Dünndarmdigesta (N=31) | $8.73^a$ | $14.54^b$ | $9.00^a$ | 1.627 | <.001 | 11.58 | 9.93 | 1.556 | 0.064 | 0.679 |
| Exkremente (N=31) | $7.13^a$ | $14.68^b$ | $9.50^c$ | 0.492 | <.001 | 10.26 | 10.62 | 0.460 | 0.264 | 0.433 |
| *lösliche NSP / Titandioxid* | | | | | | | | | | |
| Futter (N=6) | 2.09* *(2.030)* | 2.47* *(7.745)* | 2.70* *(0.787)* | - | - | - | - | - | - | - |
| Dünndarmdigesta (N=31) | $^A1.61$ | $^A2.08$ | $^A2.05$ | 0.676 | 0.111 | $^A2.00$ | $^A1.83$ | 0.668 | 0.387 | 0.649 |
| Exkremente (N=31) | $^B1.18^a$ | $^B1.37^b$ | $^B1.57^c$ | 0.079 | <.001 | $^B1.29$ | $^B1.46$ | 0.075 | 0.008 | 0.830 |
| *Inulin / Titandioxid* | | | | | | | | | | |
| Futter (N=3) | - | - | 4.70 | 0.171** | - | - | - | - | - | - |
| Dünndarmdigesta (N=17) | - | - | $^A2.59$ | 0.089** | - | $^A2.65$ | $^A2.51$ | 0.193 | 0.308 | - |
| Exkremente (N=17) | - | - | $^B0.81$ | 0.410** | - | $^B0.71$ | $^B0.94$ | 0.231 | 0.053 | - |

K = Kontrollfutter; U-NSP = Futter mit Erbsenschalen (unlösliche NSP); L-NSP = Futter mit Zichorienwurzelmehl (lösliche NSP); (-) = keine Infektion; (+) = Infektion; - = nicht analysiert und statistisch ausgewertet; kleine Hochbuchstaben innerhalb Zeilen kennzeichnen signifikante Unterschiede zwischen den LSMeans innerhalb eines Faktors ($p<0.05$); große Hochbuchstaben innerhalb Spalten kennzeichnen signifikante Unterschiede zwischen den LSMeans innerhalb einer Fütterungsgruppe bzw. innerhalb Infektionsstatus ($p<0.05$); * MEANS mit Variationskoeffizienten; **Standard Error vom Mittelwert

### 4.1.3 Einfluss der Infektion

Die Infektion mit *A. galli* verursachte verminderte Anfangs- und Endgewichte der wachsenden Junghennen (Tab.9), blieb jedoch ohne Einfluss auf die Zunahmen, die Futteraufnahmen und die Futterverwertung (P>0,05). Die Infektion wirkte sich auch nicht auf den Verzehr aus (Tab.10), sie führte jedoch zu geringeren Mengen verdauter NDF und NSP (P<0,05). Die Mengen an unlöslichen und löslichen NSP in den Dünndarmdigesta wurden durch die Infektion gesenkt (P<0,05; Tab.11), für Inulin ergab sich eine entsprechende Tendenz (P=0,062). Durch die Infektion mit *A. galli* wurden die auf $TiO_2$ bezogenen Mengen an löslichen NSP der Exkremente erhöht (P<0,05; Tab.12). Dies traf in der Tendenz auch für Inulin zu (P=0,053), während die Mengen unlöslicher NSP in den Dünndarmdigesta tendenziell abnahmen (P=0,064). Wie bereits beim Einfluss der Fütterung gezeigt, verminderten sich die auf $TiO_2$ bezogenen Mengen an löslichen NSP und Inulin von den Dünndarmdigesta bis zu den Exkrementen (P<0,05).

### 4.1.4 Verdaulichkeiten

Die nach Indikator- und Sammelmethode berechneten Verdaulichkeiten gehen aus Tabelle 13 hervor. Die Einzeldaten der Versuchsdurchgänge finden sich im Anhang (ATab.16 – 37 und 51 - 62).

Die Verdaulichkeiten von Inulin stimmten nach beiden Methoden gut überein. Auch für lösliche NSP ergaben sich bei den Tieren der L-NSP-Gruppe und bei den infizierten Tieren keine nennenswerten Unterschiede bei Anwendung der beiden Methoden. Dagegen führte in den Fütterungsgruppen K und U-NSP und bei nicht infizierten Tieren die Sammelmethode im Vergleich zur Indikatormethode zu höheren Verdaulichkeiten der löslichen NSP. Die unlöslichen NSP wiesen bei allen Futtermischungen negative Verdaulichkeiten mittels Sammelmethode auf, während mit der Indikatormethode positive Ergebnisse erzielt wurden.

Tab.13: Verdaulichkeiten (%) nach Indikator- und Sammelmethode in den Versuchsdurchgängen mit *A. galli*-Infektionen (LSMeans)

| | Fütterung | | | | | *A. galli* Infektion | | | | Interaktion |
|---|---|---|---|---|---|---|---|---|---|---|
| **Parameter** | **K** | **U-NSP** | **L-NSP** | **PSE** | **p-Wert** | **Inf. (-)** | **Inf. (+)** | **PSE** | **p-Wert** | **p-Wert** |
| *unlösliche NSP* | | | | | | | | | | |
| Indikatormethode (N=31) | 28.60$^{a}$ | 6.73$^{b}$ | 1.36$^{b}$ | 3.612 | <.001 | 14.25 | 10.22 | 3.100 | 0.292 | 0.474 |
| Sammelmethode (N=57) | -20.99$^{a}$ | -5.54$^{b}$ | -12.36$^{b}$ | 2.416 | 0.007 | -8.84 | -17.08 | 1.969 | 0.008 | 0.138 |
| *lösliche NSP* | | | | | | | | | | |
| Indikatormethode (N=31) | 44.20 | 44.37 | 41.68 | 1.883 | 0.423 | 46.99 | 39.84 | 1.634 | 0.009 | 0.944 |
| Sammelmethode (N=57) | 49.33$^{a}$ | 52.73$^{a}$ | 41.95$^{b}$ | 4.309 | 0.002 | 57.59 | 38.41 | 4.207 | <.001 | 0.084 |
| *Inulin* | | | | | | | | | | |
| Indikatormethode (N=17) | - | - | 82.23 | 1.252* | - | 85.72 | 77.90 | 3.018 | <.0001 | - |
| Sammelmethode (N=32) | - | - | 80.21 | 1.509* | - | 83.17 | 76.34 | 4.260 | 0.009 | - |

K = Kontrollfutter; U-NSP = Futter mit Erbsenschalen (unlösliche NSP); L-NSP = Futter mit Zichorienwurzelmehl (lösliche NSP); (-) = keine Infektion; (+) = Infektion; - = nicht analysiert und statistisch ausgewertet; Hochbuchstaben kennzeichnen signifikante Unterschiede zwischen den LSMeans innerhalb eines Faktors ($p<0.05$); *Standard Error vom Mittelwert

## 4.2 Versuchsdurchgänge mit *Heterakis gallinarum*-Infektionen

Die Ergebnisse umfassen – wie bei den Versuchsdurchgängen mit *A. galli*-Infektionen – Parameter der Infektion, der Körpergewichtsentwicklung und der Futterverwertung sowie Daten zur Verdauungsphysiologie und Nährstoffretention. Die statistische Auswertung lieferte für einige wenige Parameter signifikante Wechselwirkungen zwischen den Versuchsfaktoren „Fütterung“ und „Infektion“. Im Folgenden werden die Parameter, bei denen keine Wechselwirkungen auftraten, als Durchschnittswerte aus drei Versuchsdurchgängen (LSMEANS) für die Untergruppen innerhalb Versuchsfaktor dargestellt. Im Falle von Wechselwirkungen erfolgt die Darstellung durch Mittelwerte (LSMEANS) für jede der insgesamt sechs Faktorkombinationen.

### 4.2.1 Parameter der Infektion

Die Abbildungen 6 und 7 zeigen die durchschnittlichen Infektionsraten und Wurmzahlen bei den infizierten Tieren. Über 90 % der mit der Kontrollmischung versorgten und sämtliche mit NSP-haltigem Futter versorgten Tiere waren infiziert. Die Tiere der L-NSP-Gruppe wiesen signifikant höhere Wurmzahlen als die in der Kontrollfütterungsgruppe auf. Die Infektionsdaten für die einzelnen Versuchsdurchgänge finden sich im Tabellenanhang (ATab.7 – 9).

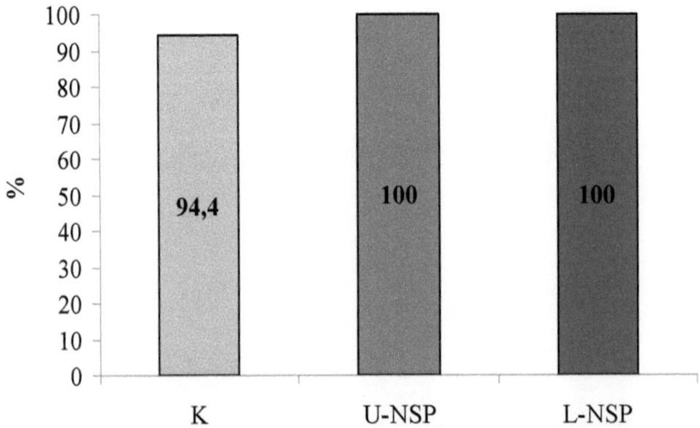


Abb.6: Durchschnittliche Infektionsraten der mit *H. gallinarum* infizierten Tiere (LSMeans; n=18)

K=Kontrollfutter;U-NSP=Futter mit Erbsenschalen (unlösliche NSP);L-NSP=Futter mit Zichorienwurzelmehl (lösliche NSP)

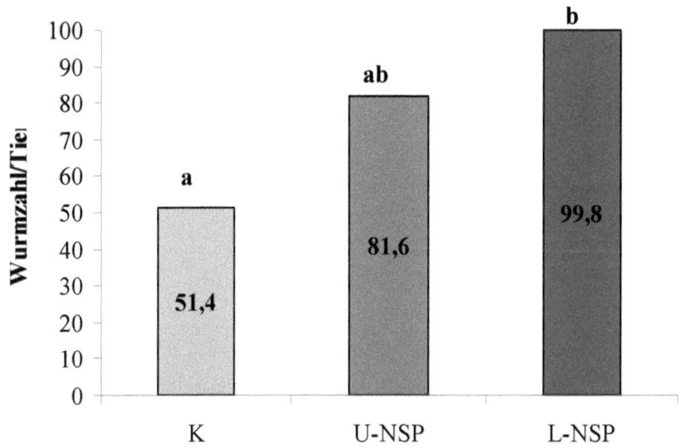


Abb.7: Durchschnittliche Wurmzahlen bei den mit *H. gallinarum* infizierten Tieren (LSMeans;n=18)
K=Kontrollfutter;U-NSP=Futter mit Erbsenschalen (unlösliche NSP);L-NSP=Futter mit Zichorienwurzelmehl (lösliche NSP); Hochbuchstaben kennzeichnen signifikante Unterschiede zwischen den LSMeans ($p<0.05$)

### 4.2.2 Einfluss der Fütterung

Die Körpergewichtsentwicklungen und Futterverwertungen der Tiere gehen aus Tabelle 14 hervor. Die Kontrollfütterung war mit den geringsten, die Futtermischung U-NSP mit den höchsten Futteraufnahmen und der niedrigsten Futterverwertung verbunden ($P<0,05$). Die Einzeldaten der Versuchsdurchgänge finden sich im Anhang (ATab.31, 38 und 45).

Tab.14: Körpergewichtsentwicklung und Futterverwertung während der Stoffwechselversuchsperioden in den Versuchsdurchgängen mit *H. gallinarum*-Infektionen (LSMeans; N=108)

| | **Fütterung (n=36)** | | | | | ***H. gallinarum* Infektion (n=54)** | | | | **Interaktion** |
|---|---|---|---|---|---|---|---|---|---|---|
| **Parameter** | **K** | **U-NSP** | **L-NSP** | **PSE** | **p-Wert** | **Inf. (-)** | **Inf. (+)** | **PSE** | **p-Wert** | **p-Wert** |
| Anfangsgewicht (g) | 603 | 603 | 593 | 19.348 | 0.461 | 599 | 600 | 18.980 | 0.953 | 0.876 |
| Endgewicht (g) | 673 | 667 | 664 | 15.529 | 0.665 | 671 | 665 | 15.041 | 0.431 | 0.447 |
| Zunahme (g/d) | 13.8 | 12.9 | 14.2 | 0.993 | 0.117 | 14.3 | 13.0 | 0.957 | 0.016 | 0.079 |
| Futteraufnahme (g/d) | $47.4^{a}$ | $53.2^{b}$ | $50.3^{c}$ | 2.459 | <.001 | 51.3 | 49.3 | 2.437 | 0.004 | 0.596 |
| Futterverwertung | $0.29^{a}$ | $0.24^{b}$ | $0.28^{a}$ | 0.010 | 0.003 | 0.28 | 0.26 | 0.009 | 0.087 | 0.104 |

K = Kontrollfutter; U-NSP = Futter mit Erbsenschalen (unlösliche NSP); L-NSP = Futter mit Zichorienwurzelmehl (lösliche NSP); (-) = keine Infektion; (+) = Infektion; Futterverwertung = Zunahme (g/d) / Futteraufnahme (g/d); Hochbuchstaben kennzeichnen signifikante Unterschiede zwischen den LSMeans innerhalb eines Faktors ($p<0.05$)

In Tabelle 15 werden die durchschnittlichen, während der Sammelperiode in den Stoffwechselversuchen verzehrten, verdauten und retinierten Futtersubstanzen aufgezeigt. Die Einzeldaten für die Versuchsdurchgänge sind dem Anhang zu entnehmen (ATab.32 – 49).
Im Vergleich zur Kontrollfütterung nahmen die mit L-NSP versorgten Tiere mehr Futtertrockenmasse auf und wurden diesbezüglich durch noch höhere Aufnahmen der mit U-NSP versorgten Tiere übertroffen ($P<0,05$). Der gesteigerte Verzehr in Verbindung mit U-NSP ging mit den höchsten Aufnahmen an NDF und unlöslichen NSP einher ($P<0,05$). Die mit U-NSP versorgten Tiere verdauten die größten Mengen an NDF, unlöslichen und löslichen NSP ($P<0,05$). Die Futtermischung L-NSP führte im Vergleich zur Kontrollfütterung zu niedrigeren verdauten NDF-Mengen. Mit dem Verzehr der Futtermischung U-NSP retinierten die Tiere mehr Stickstoff als in Verbindung mit den anderen Futtermischungen ($P<0,05$).

Die durchschnittlichen Mengen an Dünndarmdigesta sowie an NSP und Titandioxid in den Dünndarmdigesta gehen aus Tabelle 16 hervor. Die Einzelwerte je Durchgang finden sich im Anhang (ATab.69, 74 und 77). Die Fütterung mit U-NSP führte im Vergleich zu kontrollgefütterten Tieren zu höheren Mengen an Dünndarmdigesta ($P<0,05$).

Tab.15: Durchschnittliche Mengen an verzehrten, verdauten und retinierten Futtersubstanzen in den Stoffwechselperioden der Versuchsdurchgänge mit *H. gallinarum*-Infektionen (g/Tier und Tag; LSMeans)

| | Fütterung | | | | | *H. gallinarum* Infektion | | | | Interaktion |
|---|---|---|---|---|---|---|---|---|---|---|
| **Parameter** | **K** | **U-NSP** | **L-NSP** | **PSE** | **p-Wert** | **Inf. (-)** | **Inf. (+)** | **PSE** | **p-Wert** | **p-Wert** |
| *Verzehr* | | | | | | | | | | |
| Trockenmasse (N=94) | 43.09[a] | 48.35[b] | 45.58[c] | 2.117 | <.001 | 46.46 | 44.89 | 2.095 | 0.021 | 0.555 |
| NDF (N=93) | 5.08[a] | 8.69[b] | 5.18[a] | 0.510 | <.001 | 6.45 | 6.19 | 0.508 | 0.032 | 0.499 |
| unlösliche NSP (N=58) | 4.46[a] | 8.00[b] | 4.63[a] | 0.174 | <.001 | 5.83 | 5.56 | 0.167 | 0.024 | 0.593 |
| lösliche NSP (N=56) | 0.83 | 1.03 | 1.10 | 0.133 | <.001 | 1.00 | 0.97 | 0.133 | 0.087 | **0.041** |
| Inulin (N=33) | - | - | 2.29 | 0.031* | - | 2.29 | 2.27 | 0.077 | 0.664 | - |
| Stickstoff (N=94) | 1.47 | 1.47 | 1.46 | 0.0558 | 0.970 | 1.49 | 1.44 | 0.0547 | 0.022 | 0.664 |
| *verdaut* | | | | | | | | | | |
| NDF (N=93) | 2.02[a] | 2.48[b] | 1.61[c] | 0.320 | <.001 | 2.03 | 2.05 | 0.318 | 0.823 | 0.783 |
| unlösliche NSP (N=58) | 0.73[a] | 0.97[b] | 0.54[a] | 0.102 | <.001 | 0.71 | 0.78 | 0.098 | 0.326 | 0.146 |
| lösliche NSP (N=56) | 0.44[a] | 0.51[b] | 0.42[a] | 0.168 | 0.001 | 0.46 | 0.45 | 0.168 | 0.924 | 0.783 |
| Inulin (N=33) | - | - | 1.87 | 0.040* | - | 1.97 | 1.76 | 0.098 | 0.002 | - |
| *retiniert* | | | | | | | | | | |
| Trockenmasse (N=94) | 32.20 | 33.46 | 32.93 | 1.749 | 0.106 | 33.35 | 32.37 | 1.742 | 0.043 | 0.618 |
| Stickstoff (N=94) | 0.63[a] | 0.73[b] | 0.66[a] | 0.070 | 0.002 | 0.68 | 0.66 | 0.070 | 0.388 | 0.684 |

K = Kontrollfutter; U-NSP = Futter mit Erbsenschalen (unlösliche NSP); L-NSP = Futter mit Zichorienwurzelmehl (lösliche NSP); (-) = keine Infektion; (+) = Infektion;
- = nicht analysiert und statistisch ausgewertet; Hochbuchstaben kennzeichnen signifikante Unterschiede zwischen den LSMeans innerhalb eines Faktors ($p<0.05$);
*Standard Error vom Mittelwert

Tab.16: Durchschnittliche Mengen an Digesta (g T) sowie an NSP (g) und Titanoxid (g) im Dünndarmdigesta in den Versuchsdurchgängen mit *H. gallinarum*-Infektionen (LSMeans)

| Parameter | Fütterung | | | | | *H. gallinarum* Infektion | | | | Interaktion |
|---|---|---|---|---|---|---|---|---|---|---|
| | K | U-NSP | L-NSP | PSE | p-Wert | Inf. (-) | Inf. (+) | PSE | p-Wert | p-Wert |
| Menge Dünndarmdigesta (N=54) | 4.46[a] | 5.44[b] | 4.98[ab] | 0.851 | 0.002 | 5.21 | 4.71 | 0.846 | 0.008 | 0.228 |
| *Menge in den Dünndarmdigesta* | | | | | | | | | | |
| unlösliche NSP (N=36) | 0.92 | 1.43 | 0.88 | 0.311 | <.001 | 1.19 | 1.00 | 0.307 | 0.045 | **0.022** |
| lösliche NSP (N=36) | 0.22 | 0.27 | 0.24 | 0.106 | 0.130 | 0.28 | 0.21 | 0.105 | 0.001 | 0.819 |
| Inulin (N=18) | - | - | 0.29 | 0.017* | - | 0.31 | 0.27 | 0.039 | 0.082 | - |
| Titandioxid (N=54) | 0.10[a] | 0.12[b] | 0.10[a] | 0.018 | 0.041 | 0.11 | 0.10 | 0.018 | 0.046 | 0.616 |

K = Kontrollfutter; U-NSP = Futter mit Erbsenschalen (unlösliche NSP); L-NSP = Futter mit Zichorienwurzelmehl (lösliche NSP); (-) = keine Infektion; (+) = Infektion;
- = nicht analysiert und statistisch ausgewertet; Hochbuchstaben kennzeichnen signifikante Unterschiede zwischen den LSMeans innerhalb eines Faktors ($p<0.05$);
*Standard Error vom Mittelwert

Tabelle 17 zeigt die durchschnittlichen auf $TiO_2$ bezogenen Gehalte des Futters, der Dünndarmdigesta und Exkremente an NSP. Die Einzelwerte finden sich im Anhang (ATab.64 -77).

Die relativen Gehalte der Exkremente an unlöslichen NSP waren bei den mit U-NSP versorgten Tieren im Vergleich zu denen der anderen beiden Fütterungsgruppen erhöht ($P<0,05$), so dass in dieser Fütterungsgruppe auch die auf $TiO_2$ bezogenen Gehalte der Exkremente gegenüber den Dünndarmdigesta anstiegen. Dagegen nahmen die relativen Gehalte an unlöslichen NSP bei den kontrollgefütterten Tieren von den Dünndarmdigesta bis zu den Exkrementen ab ($P<0,05$). Ähnliche Verhältnisse ergaben sich in allen drei Fütterungsgruppen für lösliche NSP und Inulin, deren Gehalte von den Dünndarmdigesta bis zu den Exkrementen sanken ($P<0,05$).

### 4.2.3 Einfluss der Infektion

Die Infektion mit *H. gallinarum* bewirkte verminderte Zunahmen und führte zu geringerer Futteraufnahme ($P<0,05$; Tab.14) mit der Folge einer tendenziell niedrigeren Futterverwertung der Tiere ($P=0,087$). Die Aufnahmen an Futtertrockenmasse, NDF und unlöslichen NSP sowie Stickstoff wurden durch die Infektion gesenkt ($P<0,05$; Tab.15). Die Infektion ging mit verminderten Mengen an verdautem Inulin und retinierter Trockenmasse einher ($P<0,05$). Weiterhin führte die Infektion zu geringeren Mengen an Dünndarmdigesta sowie unlöslichen und löslichen NSP in den Dünndarmdigesta ($P<0,05$; Tab.16). Die Mengen an Inulin wurden in den Dünndarmdigesta durch die Infektion tendenziell gesenkt ($P=0,082$). Die auf $TiO_2$ bezogenen relativen Gehalte der Dünndarmdigesta und Exkremente an löslichen NSP nahmen bei infizierten Tieren ab ($P<0,05$; Tab.17). Die relativen Gehalte der Exkremente an unlöslichen NSP wurden infektionsbedingt tendenziell erhöht ($P=0,080$). Wie bereits beim Einfluss der Fütterung gezeigt, verminderten sich die auf $TiO_2$ bezogenen Mengen an löslichen NSP und Inulin von den Dünndarmdigesta bis zu den Exkrementen ($P<0,05$).

Tab.17: Durchschnittliche relative Gehalte des Futters, der Dünndarmdigesta und der Exkremente an NSP (g/g $TiO_2$) in den Versuchsdurchgängen mit *H. gallinarum*-Infektionen (LSMeans)

| | **Fütterung** | | | | | ***H. gallinarum* Infektion** | | | | **Interaktion** |
|---|---|---|---|---|---|---|---|---|---|---|
| **Parameter** | **K** | **U-NSP** | **L-NSP** | **PSE** | **p-Wert** | **Inf. (-)** | **Inf. (+)** | **PSE** | **p-Wert** | **p-Wert** |
| *unlösliche NSP / Titandioxid* | | | | | | | | | | |
| Futter (N=6) | 9.73* *(15.051)* | 15.55* *(10.459)* | 9.73* *(10.688)* | - | - | - | - | - | - | - |
| Dünndarmdigesta (N=36) | $^{A}$10.61 | $^{A}$12.30 | 9.07 | 0.422 | <.001 | 10.85 | 10.48 | 0.345 | 0.454 | **0.004** |
| Exkremente (N=36) | $^{B}$8.43$^{a}$ | $^{B}$14.62$^{b}$ | 9.01$^{a}$ | 1.051 | <.001 | 10.41 | 10.96 | 1.040 | 0.080 | 0.250 |
| *lösliche NSP / Titandioxid* | | | | | | | | | | |
| Futter (N=6) | 1.80* *(32.700)* | 2.10* *(33.672)* | 2.33* *(28.527)* | - | - | - | - | - | - | - |
| Dünndarmdigesta (N=36) | $^{A}$2.30 | $^{A}$2.12 | $^{A}$2.29 | 0.486 | 0.617 | $^{A}$2.61 | $^{A}$1.86 | 0.479 | 0.001 | 0.596 |
| Exkremente (N=36) | $^{B}$1.12$^{a}$ | $^{B}$1.22$^{a}$ | $^{B}$1.49$^{b}$ | 0.067 | 0.001 | $^{B}$1.37 | $^{B}$1.18 | 0.055 | 0.022 | 0.793 |
| *Inulin / Titandioxid* | | | | | | | | | | |
| Futter (N=3) | - | - | 4.64 | 0.047** | - | - | - | - | - | - |
| Dünndarmdigesta (N=18) | - | - | $^{A}$2.85 | 0.106** | - | $^{A}$2.82 | $^{A}$2.86 | 0.262 | 0.773 | - |
| Exkremente (N=18) | - | - | $^{B}$0.86 | 0.349** | - | $^{B}$0.82 | $^{B}$0.89 | 0.187 | 0.551 | - |

K = Kontrollfutter; U-NSP = Futter mit Erbsenschalen (unlösliche NSP); L-NSP = Futter mit Zichorienwurzelmehl (lösliche NSP); (-) = keine Infektion; (+) = Infektion; - = nicht analysiert und statistisch ausgewertet; kleine Hochbuchstaben innerhalb Zeilen kennzeichnen signifikante Unterschiede zwischen den LSMeans innerhalb eines Faktors ($p<0.05$); große Hochbuchstaben innerhalb Spalten kennzeichnen signifikante Unterschiede zwischen den LSMeans innerhalb einer Fütterungsgruppe bzw. innerhalb Infektionsstatus ($p<0.05$); * MEANS mit Variationskoeffizienten; **Standard Error vom Mittelwert

### 4.2.4 Wechselwirkungen zwischen Fütterung und Infektion

Bei wenigen Parametern der Versuchsdurchgänge mit *H.gallinarum*-Infektionen traten Wechselwirkungen zwischen den Versuchsfaktoren „Fütterung“ und „Infektion“ auf. In Tabelle 18 werden für diese Parameter die LSMEANS der insgesamt sechs Faktorkombinationen aufgezeigt. Der Verzehr an löslichen NSP stieg von K über U-NSP bis L-NSP bei den infizierten Tieren weniger als bei den Tieren ohne Infektion an (P=0,041). Die Mengen unlöslicher NSP und die auf $TiO_2$ bezogenen Gehalte dieser NSP-Fraktion in den Dünndarmdigesta wurden nur bei nicht infizierten, mit U-NSP versorgten Tieren erhöht (P=0,022 bzw. P=0,004).

### 4.2.5 Verdaulichkeiten

Tabelle 19 zeigt die nach Indikator- und Sammelmethode abgeleiteten Verdaulichkeiten für unlösliche und lösliche NSP sowie für Inulin. Die Daten für die einzelnen Versuchsdurchgänge finden sich im Anhang (ATab.35 – 49 und 65 - 76).

Die Verdaulichkeiten für lösliche NSP und Inulin stimmten in der Fütterungsgruppe L-NSP nach beiden Methoden sehr gut überein. In den Fütterungsgruppen K und U-NSP ergaben sich für lösliche NSP mittels Indikatormethode niedrigere Werte als bei Anwendung der Sammelmethode. Die Verdaulichkeiten der unlöslichen NSP lagen im Bereich von 6 – 16 % und innerhalb Fütterungsgruppen bei Anwendung der Sammelmethode im Vergleich zur Indikatormethode etwas höher.

Tab.18: Wechselwirkungen zwischen Fütterung und Infektion in den Versuchsdurchgängen mit *H. gallinarum*-Infektionen (LSMeans)

| **Fütterung**<br>**Infektion** | **K**<br>**(-)** | **U-NSP**<br>**(-)** | **L-NSP**<br>**(-)** | **K**<br>**(+)** | **U-NSP**<br>**(+)** | **L-NSP**<br>**(+)** | ***PSE*** | ***Signifikanz***<br>***FM*** | <br>***Inf.*** | <br>***FM*Inf.*** |
|---|---|---|---|---|---|---|---|---|---|---|
| Verzehr lösliche NSP (g/d, N=56) | 0.81[a] | 1.07[bc] | 1.13[b] | 0.85[a] | 1.00[c] | 1.07[bc] | 0.134 | <.001 | 0.087 | **0.041** |
| Unlösliche NSP in den Dünndarm-digesta (g, N=36) | 0.87[a] | 1.75[b] | 0.94[a] | 0.97[a] | 1.21[a] | 0.81[a] | 0.320 | <.001 | 0.045 | **0.022** |
| Unlösliche NSP/$TiO_2$ in den Dünn-darmdigesta (g/g $TiO_2$, N=36) | 9.95[a] | 13.72[b] | 8.87[a] | 11.27[ab] | 10.88[a] | 9.27[a] | 0.597 | <.001 | 0.454 | **0.004** |

K = Kontrollfutter; U-NSP = Futter mit Erbsenschalen (unlösliche NSP); L-NSP = Futter mit Zichorienwurzelmehl (lösliche NSP); (-) = keine Infektion; (+) = Infektion; FM = Futtermischung; Inf. = Infektion; Hochbuchstaben kennzeichnen signifikante Unterschiede zwischen den LSMeans ($p<0.05$)

Tab.19: Verdaulichkeiten (%) nach Indikator- und Sammelmethode in den Versuchsdurchgängen mit *H. gallinarum*-Infektionen (LSMeans)

| **Parameter** | **Fütterung**<br>**K** | <br>**U-NSP** | <br>**L-NSP** | <br>**PSE** | <br>**p-Wert** | ***H. gallinarum* Infektion**<br>**Inf. (-)** | <br>**Inf. (+)** | <br>**PSE** | <br>**p-Wert** | **Interaktion**<br>**p-Wert** |
|---|---|---|---|---|---|---|---|---|---|---|
| *unlösliche NSP* | | | | | | | | | | |
| Indikatormethode (N=36) | 13.21[a] | 6.46[b] | 7.24[ab] | 1.908 | 0.036 | 10.74 | 7.20 | 1.558 | 0.119 | 0.347 |
| Sammelmethode (N=58) | 16.12[a] | 12.17[b] | 11.57[b] | 2.441 | 0.014 | 12.43 | 14.14 | 2.387 | 0.185 | 0.148 |
| *lösliche NSP* | | | | | | | | | | |
| Indikatormethode (N=36) | 34.90 | 35.57 | 34.48 | 13.209 | 0.966 | 32.00 | 37.97 | 13.100 | 0.089 | 0.947 |
| Sammelmethode (N=56) | 50.47[a] | 48.03[a] | 36.78[b] | 10.781 | <.001 | 44.95 | 45.24 | 10.755 | 0.892 | 0.360 |
| *Inulin* | | | | | | | | | | |
| Indikatormethode (N=18) | - | - | 82.30 | 1.381* | - | 85.72 | 78.50 | 2.254 | 0.006 | - |
| Sammelmethode (N=33) | - | - | 82.02 | 1.390* | - | 85.70 | 78.03 | 1.900 | 0.004 | - |

K = Kontrollfutter; U-NSP = Futter mit Erbsenschalen (unlösliche NSP); L-NSP = Futter mit Zichorienwurzelmehl (lösliche NSP); (-) = keine Infektion; (+) = Infektion; - = nicht analysiert und statistisch ausgewertet; Hochbuchstaben kennzeichnen signifikante Unterschiede zwischen den LSMeans innerhalb eines Faktors ($p<0.05$); *Standard Error vom Mittelwert

## 4.3 Extrakt-Viskosität

Es werden durchschnittliche Werte für die Extrakt-Viskositäten der Futtermittel und der Dünndarmdigesta gezeigt. Für die statistische Auswertung wurden – nach Versuchsdurchgängen mit *A. galli*- und *H. gallinarum*-Infektionen getrennt - die gemessenen Extrakt-Viskositäten hinsichtlich Dünndarmabschnitt, Futter- und Infektionsgruppe (nicht infiziert und infiziert) gemittelt. Bei den im Folgenden gezeigten Daten handelt es sich um die im Viskosimeter bei Rotationsgeschwindigkeiten von 30 - 0,6 rpm gemessenen und gemittelten Werte.

Für die Extrakt-Viskosität der Futtermittel, die in drei Wiederholungen je Futtergruppe analysiert wurde, ergaben sich für K 2,76 mPas (±0,021), für U-NSP 2,75 mPas (±0,075) und für L-NSP 3,07 mPas (±0,035).

Tabelle 20 gibt die p-Werte für die untersuchten Parameter der Extrakt-Viskosität der Dünndarmdigesta wieder. In den mit *A. galli*- oder mit *H.gallinarum*-Infektionen durchgeführten Versuchen ergaben sich keine signifikanten Wechselwirkungen zwischen den Versuchsfaktoren „Dünndarmsegment“, „Infektion“ und „Fütterung“, es traten jedoch in beiden Fällen signifikante Einflüsse des Dünndarmsegments und der Fütterung auf. Auch die Infektion mit *H. gallinarum* wirkte sich signifikant aus.

Tab.20: p-Werte für Einflüsse auf die Extrakt-Viskositäten der Dünndarmdigesta in je einem Versuchsdurchgang mit *A. galli*- oder *H. gallinarum*-Infektion (N=18)

| **Parameter** | ***A. galli*** | ***H. gallinarum*** |
|---|---|---|
| Dünndarmsegment | <.0001 | <.0001 |
| Infektion | 0.1827 | 0.0466 |
| Dünndarmsegment x Infektion | 0.7303 | 0.7177 |
| Fütterung | <.0001 | 0.0061 |
| Dünndarmsegment x Fütterung | 0.0849 | 0.2250 |
| Infektion x Fütterung | 0.2409 | 0.9488 |
| Dünndarmsegment x Infektion x Fütterung | 0.0791 | 0.6021 |

Dünndarmsegment = Jejunum-Digesta oder Ileum-Digesta

Die LSMeans sind in der Tabelle 21 aufgezeigt. Infektionsdaten der Durchgänge enthalten die Tabellen ATab.10 und 11 und Einzeldaten der Versuchsdurchgänge die Tabelle ATab.78 des Anhangs.

Für Extrakte der Ileum-Digesta ergaben sich im Vergleich zu Jejunumdigesta-Extrakten höhere Viskositäten (P<,001). Die NSP-Zulagen führten gegenüber der Kontrollfütterung im Versuchsdurchgang mit *A. galli*-Infektion zu signifikant niedrigeren Extraktviskositäten (P<,001). Im Versuchsdurchgang mit *H. gallinarum*-Infektion wurde bei Fütterung der L-NSP-Mischung eine geringere Extrakt-Viskosität des Dünndarminhaltes als bei Versorgung mit K und U-NSP ermittelt (P=0,006). Die Infektion mit *H. gallinarum* wirkte viskositätserhöhend (P<0,05).

Tab.21: Durchschnittliche Werte an Dünndarmsegment-, Fütterungs- und Infektionsparameter der Extrakt-Viskosität der Dünndarmdigesta im Versuchsdurchgang mit *A. galli* oder mit *H. gallinarum* (mPas; LSMeans; N=18)

| | ***A. galli*** | | | ***H. gallinarum*** | | |
|---|---|---|---|---|---|---|
| **Parameter** | **LSM** | **PSE** | **p-Wert** | **LSM** | **PSE** | **p-Wert** |
| **Dünndarmsegment** | | | | | | |
| Jejunum-Digesta | 4.63[a] | 0.222 | <.001 | 4.31[a] | 0.246 | <.001 |
| Ileum-Digesta | 6.60[b] | 0.222 | | 6.41[b] | 0.246 | |
| **Fütterung** | | | | | | |
| K | 7.51[a] | 0.272 | | 5.89[a] | 0.301 | |
| U-NSP | 4.75[b] | 0.272 | <.001 | 5.69[a] | 0.301 | 0.006 |
| L-NSP | 4.59[b] | 0.272 | | 4.49[b] | 0.301 | |
| **Infektion** | | | | | | |
| Inf. (-) | 5.83 | 0.222 | 0.183 | 4.99[a] | 0.246 | 0.048 |
| Inf. (+) | 5.40 | 0.222 | | 5.72[b] | 0.246 | |

K = Kontrollfutter; U-NSP = Futter mit Erbsenschalen (unlösliche NSP); L-NSP = Futter mit Zichorienwurzelmehl (lösliche NSP); (-) = keine Infektion; (+) = Infektion; Hochbuchstaben kennzeichnen signifikante Unterschiede zwischen den LSMeans innerhalb eines Faktors (p<0.05);

# 5 Diskussion

In der vorliegenden Arbeit sollten die Einflüsse der NSP-Fütterung und von Nematodeninfektionen sowie Wechselwirkungen zwischen diesen beiden Versuchsfaktoren auf Parameter der Verdauungsphysiologie bei wachsenden Junghennen untersucht werden. Dazu dienten Stoffwechselversuche nach zweifaktoriellen Versuchsdesign. Es kamen drei Futtermischungen zum Einsatz, die eine einheitliche Basismischung beinhalteten und die in den NSP-Gruppen zusätzlich Erbsenschalen als Träger unlöslicher NSP oder Zichorienwurzelmehl als Träger löslicher NSP enthielten. Diese Futtermischungen wurden in zwei Versuchsreihen mit jeweils drei Durchgängen jeweils an nicht infizierte und experimentell mit *A. galli* oder *H. gallinarum* infizierte Tiere gefüttert.

## 5.1 Futteraufnahme

Nach Versuchsplan wurde den Tieren das Futter ad libitum vorgelegt in der Erwartung, dass die mit den NSP-Trägern verbundene Absenkung des Futterenergiegehalts zu kompensatorisch höherem Verzehr der Tiere führen würde, so dass die NSP als Zulagen zu einer von allen Tieren in etwa gleichen Mengen verzehrten Basismischung wirken konnten. Dieses Ziel wurde jedoch nur teilweise erreicht. Deshalb kamen die Futtermischungen in jeweils einem der drei parasitenspezifischen Versuchsdurchgänge restriktiv zum Einsatz, so dass bei allen Tieren ein weitgehend gleicher Verzehr der Basismischung gewährleistet war. Die Unterschiede zwischen den Durchgängen mit ad libitum-Fütterung und restriktiver Futtervorlage erwiesen sich als gering. Deshalb wurden die Ergebnisse innerhalb der parasitenspezifischen Versuchsreihen als Durchschnittswerte aller drei Versuchsdurchgänge dargestellt.

Die mit NSP gefütterten Tiere nahmen in beiden Versuchsreihen mehr Futter als die Tiere der Kontrollgruppen auf. JORGENSEN et al. (1996) stellten ebenfalls bei Verfütterung von Erbsenschalen an Broiler eine gesteigerte Futteraufnahme fest, die vermutlich auf einer durch unlösliche NSP beschleunigten intestinalen Futterpassage beruhte. Andererseits können lösliche NSP die Digestaviskosität erhöhen und die Nahrungspassage durch den Intestinaltrakt mit dem Ergebnis geringerer Futteraufnahme verzögern (DÄNICKE, 1999). Jedoch beobachteten JORGENSEN et al. (1996) bei Broilern nach Fütterung von Haferkleie mit hohen Gehalten löslicher NSP höhere Futteraufnahmen, die allerdings zugleich mit erhöhten Aufnahmen an unlöslichen NSP verbunden waren. In der vorliegenden Untersuchung wirkten sich die mit Zichorienwurzelmehl zugeführten löslichen NSP nicht viskositätssteigernd im Dünndarm der Tiere aus. Deshalb liefern die Ergebnisse dieser Arbeit keinen Hinweis auf eine viskositätsbedingt verzögerte intestinale Digestapassage. Durch die NSP-Zulagen wurden die Futtermischungen energetisch verdünnt, und die Tiere reagierten auf diese Futterverdünnung mit höheren Futteraufnahmen.

In der Versuchsreihe mit *A. galli*-Infektionen nahmen die Tiere der Kontrollgruppe durchschnittlich 0,54 MJ $AME_N$/d auf. Dieses Niveau wurde auch von den mit U-NSP versorgten Tieren erreicht (0,55 MJ $AME_N$/d), während die Futtergruppe L-SNP mit 0,52 MJ $AME_N$/d etwas unter dem Niveau der Kontrolltiere blieb. In der Versuchsreihe mit *H. gallinarum*-Infektionen lag die durchschnittliche Energieaufnahme der Kontrolltiere bei 0,58 MJ $AME_N$/d. Hier führte die Fütterung mit der U-NSP-Mischung zu besonders starker Steigerung der Futteraufnahme, so dass die Tiere 0,60 MJ $AME_N$/d und damit rund 3 % mehr Energie als die Kontrollgruppe aufnahmen. Die Tiere der L-NSP-Gruppe verzehrten ebenfalls mehr Futter als die Tiere der Kontrollgruppe, die L-NSP-Mischung enthielt jedoch weniger Energie als das Kontrollfutter, so dass die Energieaufnahme mit 0,56 MJ $AME_N$/d knapp 4 % niedriger lag.

## 5.2 Verdaulichkeitsbestimmung

Die verdauten Mengen an NDF und NSP wurden durch quantitatives Sammeln der Exkremente über 5 Tage bestimmt. Durch Bezug auf die von den Tieren verzehrten Mengen ließen sich für diese Stoffe Verdaulichkeiten berechnen. Gleichzeitig wurden die NSP-Verdaulichkeiten auch mittels Indikatormethode bestimmt. Beide Methoden führten für Inulin zu sehr gut übereinstimmenden Ergebnissen. Auch für die enzymatisch analysierten löslichen NSP, die das Inulin nicht mit beinhalteten, ergaben beide Methoden ähnliche Verdaulichkeiten, wenn die Tiere mit den L-NSP-Futtermischungen versorgt wurden. Größere Abweichungen traten jedoch für lösliche und unlösliche NSP in Verbindung mit der Fütterung der Kontroll- und der U-NSP-Mischung auf. In diesen Fällen ergaben sich für lösliche NSP mittels Sammelmethode höhere Verdaulichkeiten als bei Ableitung mittels Indikatormethode. Für unlösliche NSP wurden in den Versuchsdurchgängen mit *A. galli*-

Infektionen negative Verdaulichkeiten mittels Sammelmethode bzw. Werte im Bereich von 1 – 29 % mit der Indikatormethode bestimmt, während sich in den Versuchsdurchgängen mit *H. gallinarum*-Infektionen mit beiden Methoden Verdaulichkeiten im Bereich von 6 – 16 % ergaben.

Negative Verdaulichkeiten können nur methodisch bedingt sein. In den Exkrementen über die Aufnahme hinausgehende Mengen an unlöslichen NSP können durch von den Tieren verstreutes Futter auftreten. Zwar wurde versucht, derartige Kontaminationen durch manuelles Heraussammeln möglichst gering zu halten, sie ließen sich aber insbesondere bei abnehmender Exkrementviskosität nicht vollständig vermeiden. Bei NSP-Fütterung im Vergleich zur Kontrollfütterung niedrigere Verdaulichkeiten für unlösliche NSP lassen sich in diesem Sinne erklären. Außerdem kann auch die angewendete laboranalytische Bestimmungsmethode für unlösliche NSP mitgewirkt haben. Möglicherweise haben sich durch die intestinale Passage Änderungen in der chemisch-physikalischen Struktur dieser Futterfraktion ergeben, die mit der enzymatischen Methode zur Bestimmung der unlöslichen NSP nicht aufgeschlüsselt werden konnten und so zu höheren Werten in den Exkrementen beigetragen haben. Insgesamt lässt sich feststellen, dass größere Unterschiede zwischen den beiden Methoden der Verdaulichkeitsbestimmung in Verbindung mit unlöslichen NSP auftreten. Aufgrund möglicher und meist nicht vollständig vermeidbarer Kontaminationen der Exkremente mit verstreutem Futter dürften für unlösliche NSP die mittels Indikatormethode bestimmten Verdaulichkeiten den in vivo-Verhältnissen näher kommen als die Werte der Sammelmethode.

## 5.3 Viskosität der Dünndarmextrakte

In der vorliegenden Untersuchung stieg die Viskosität von Digestaextrakten des Dünndarms vom proximalen zum distalen Dünndarm an, lag aber bei Fütterung der NSP-Futtermischungen in den Versuchsdurchgängen mit *A. galli*-Infektionen unabhängig von der Art der NSP und in den Versuchsdurchgängen mit *H.gallinarum*-Infektionen bei Fütterung der löslichen NSP niedriger als bei Fütterung ohne NSP-Zulagen bzw. Fütterung der unlöslichen NSP. Dieses Ergebnis überrascht, weil für NSP und für lösliche im Vergleich zu unlöslichen NSP eine höhere Wasserbindekapazität und damit für die NSP- und insbesondere für mit löslichen NSP gefütterte Tiere eher eine gesteigerte Viskosität zu erwarten war. In den Versuchsdurchgängen mit *A. galli*-Infektionen wiesen die mit NSP gefütterten Tiere im Vergleich zur Kontrollfütterung größere Mengen an Dünndarmdigesta-T auf, in den Versuchen mit *H. gallinarum*-Infektionen waren die Mengen an Dünndarmdigesta-T bei NSP-Fütterung ebenfalls erhöht, der Unterschied zwischen Fütterung mit löslichen NSP und der Kontrollfütterung ließ sich jedoch statistisch nicht absichern.

Höhere Mengen an Dünndarmdigesta-T dürften mit höheren Mengen an Flüssigkeit verbunden gewesen sein, die bei NSP-Fütterung eine geringere Viskosität bewirkt haben könnte. Die in allen Versuchsdurchgängen nachweisbare verminderte Viskosität bei Fütterung löslicher NSP kann auch darauf beruht haben, dass Inulin bereits im Dünndarm teilweise abgebaut wurde und die dabei entstehenden Bruchstücke nur noch wenig viskositätsbeeinflussend wirkten. Schließlich können sich die durch technische Aufbereitung mit NSP angereicherten Erbsenschalen bzw. das Zichorienwurzelmehl im Intestinaltrakt anders als nativ in unbehandelten Futterkomponenten (z.B. Getreide) vorkommende NSP, deren viskositätssteigernde Wirkung belegt ist (DÄNICKE et al., 1999), ausgewirkt haben.

## 5.4 Infektion

Die durchschnittliche Infektionsrate der Versuchsdurchgänge mit *A. galli*-Infektionen lag in Verbindung mit allen drei Futtermischungen unter 50 Prozent, und die durchschnittliche Wurmzahl pro Tier betrug 1,2 bis 2,4 Würmer pro Huhn (Abb.4 und 5). Die Infektionsrate dürfte jedoch insgesamt höher gelegen haben. Die vollständige Erfassung der *A. galli* Eier, Larven und Würmer in den Dünndarmdigesta und in der Darmwand war nicht möglich, weil das Probenmaterial auch für weitere Analysen benötigt wurde. Die niedrigen Infektionsraten können auch durch die Umstallung der Tiere aus der Bodenhaltung in die Einzelstoffwechselkäfige begünstigt worden sein. Der damit verbundene Stress auch für die Nematoden kann zur Eliminierung beigetragen haben. Entsprechend stellten DÄNICKE et al. (2009) bei mit *A. galli* infizierten wachsenden Junghennen fest, das in Bodenhaltung befindliche Tiere durchweg positiv reagierten. Nach Umstellung in Einzelstoffwechselkäfige ließen sich am Ende des Versuchs aber nur noch bei fünf von neun Junghennen ausgewachsene Würmer nachweisen. Nach diesen Autoren könnte sich zusätzlich die restriktive Fütterung während des Stoffwechselversuchs ausgewirkt haben.

Die Infektion mit *H. gallinarum* führte in der vorliegenden Arbeit zu fütterungsabhängigen Unterschieden bei der Wurmzahl je Tier. Die Tiere, die die Futtermischung mit Zichorienwurzelmehl erhielten, wiesen eine deutlich höhere Wurmzahl als die Tiere der Kontrollgruppe auf (Abb.7). Ob hierfür – wie diskutiert (DÄNICKE et al., 1997) - eine veränderte Verweildauer der Digesta in Segmenten des Verdauungstrakts, in denen der Parasit lebt, bestimmend waren, lässt sich auf Basis der vorliegenden Ergebnisse nicht entscheiden. Es bleibt allerdings festzustellen, dass die mit dem Zichorienwurzelmehl überwiegend als Inulin zugeführten löslichen NSP die Wurmentwicklung im Intestinaltrakt der Tiere förderten und nicht, wie in Untersuchungen an Schweinen beobachtet (PETKEVICIUS et al., 2001; PETKEVICIUS et al., 2003; PETKEVICIUS et al., 2007), hemmten.

## 5.5 Einfluss der Fütterung auf Verdauungsprozesse und N-Retentionen

Nativ in Futtermitteln vorkommende unlösliche und lösliche NSP unterscheiden sich in ihren Wasserbindungskapazitäten und sind im Intestinaltrakt nur mikrobiell abbaubar. Wiederholt nachgewiesene Einflüsse auf die Verdauungsprozesse können sich daher durch steigende Viskosität der Digesta infolge hoher Flüssigkeitsbindung (BACH KNUDSEN, 2001), durch Veränderungen in der Zusammensetzung der intestinalen Mikrobiota und ihrer fermentativen Aktivität (VAHJEN et al., 1998), durch Wirkungen auf die Anatomie des Intestinaltraktes (JARONI et al., 1999; JORGENSEN et al., 1996; SIMON, 1998) sowie die Morphologie und sekretorische Funktion der Darmmucosa (BEST et al., 1999; LANGHOUT et al., 1999; VIVEROS et al., 1994) ergeben. Alle diese Einflüsse können sich auf die Geschwindigkeit der Digestapassage, die Nährstoffabsorption und –verdauung, auf die Tiergesundheit betreffende Funktionen des Verdauungstraktes und damit auf das Leistungsgeschehen und die Nährstoffverwertung durch die Tiere auswirken.

Die NSP-Zulagen führten im Vergleich zur Kontrollfütterung zu gesteigerten Mengen an Dünndarmdigesta (Tab.11 und 16). Nur der numerisch höhere Wert für die L-NSP-Gruppe der Versuchsreihe mit *H. gallinarum* ließ sich gegenüber der Kontrollgruppe nicht statistisch absichern. Ausschlaggebend für die gesteigerten Mengen an Dünndarmdigesta dürfte die Wasserbindungskapazität der NSP gewesen sein (BACH KNUDSEN, 2001). Die Zulage unlöslicher NSP (U-NSP) führte in beiden Versuchsreihen, in Verbindung mit *H. gallinarum* allerdings nur bei nicht infizierten Tieren zur Steigerung dieser Faserfraktion in den Dünndarmdigesta und die relativen, auf TiO2 bezogenen Gehalte der unlöslichen NSP war in den Exkrementen erhöht. Außerdem stiegen in der Versuchsreihe mit *H. gallinarum* in der Fütterungsgruppe U-NSP die relativen Gehalte an unlöslichen NSP von den Dünndarmdigesta bis zu den Exkrementen an. Dieser auf geringen Abbau hindeutende Anstieg könnte teilweise auch methodisch bedingt sein, wenn zutrifft, dass sich die Struktur dieser Faserfraktion im Verdauungsprozess so verändert, dass vom Dünndarm bis zu den Exkrementen neu gebildete Faserkomplexe mit der angewendeten enzymatischen Methode als zusätzliche unlösliche NSP erfasst werden. Dagegen nahm in der Kontrollgruppe der relative Gehalt an unlöslichen NSP vom Dünndarm bis zu den Exkrementen ab. Die mit der Kontrollmischung zugeführten unlöslichen NSP unterschieden sich demnach von denen der U-NSP-Mischung, sie boten offensichtlich ein günstigeres Substrat für die Mikroorganismen des Dickdarms. Insgesamt lässt sich allerdings feststellen, dass unlösliche NSP übereinstimmend mit den bereits diskutierten negativen bzw. relativ niedrigen Verdaulichkeiten von wachsenden Junghennen nur wenig intestinal abgebaut werden, weil entsprechende körpereigene Verdauungsenzyme zum Abbau fehlen (JEROCH et al., 2008) und die Fermentation dieser Faserfraktion begrenzt ist (WENK und ZURCHER, 1990).

Die relativen Gehalte an löslichen NSP stiegen in den Exkrementen der mit Zulagen löslicher NSP gefütterten Tiere, in der Versuchsreihe mit *A. galli* auch bei Zulage unlöslicher NSP an (Tab.12 und 17). Im letztgenannten Fall sind möglicherweise aus zugelegten unlöslichen NSP durch Hydrolyse löslichere Fraktionen entstanden (AULRICH und FLACHOWSKY, 1998), die bis zu den Exkrementen nicht in gleichem Maße wie bei der Kontrollfütterung verdaut wurden. Die im Vergleich zu den U-NSP-Gruppen noch höheren relativen Gehalte der Exkremente an löslichen NSP in den L-NSP-Gruppen deuten auch für diese Fraktion auf Grenzen des intestinalen Abbaus hin. Allerdings lassen sich die vom Dünndarm bis zu den Exkrementen verminderten relativen Gehalte an löslichen NSP und Inulin nur durch mikrobielle Verdauung im Dickdarm der Tiere erklären. Darüber hinaus unterliegen lösliche NSP und Inulin auch im vorderen Verdauungstrakt erheblichen verdauungsphysiologischen Einflüssen (BACH KNUDSEN, 2001).

Die N-Retentionen erreichten in der Versuchsreihe mit *A. galli* in allen drei Fütterungsgruppen ein ähnliches Niveau. In der Versuchsreihe mit *H. gallinarum* retinierten die mit dem U-NSP-Futter versorgten Tiere mehr Stickstoff als die Tiere der anderen beiden Fütterungsgruppen. Im ersten Fall kann angenommen werden, dass die Tiere aller drei Fütterungsgruppen infolge der kompensatorischen Futteraufnahme bei NSP-Zulagen mit vergleichbaren Mengen an Rohprotein bzw. Aminosäuren und übrigen Nährstoffen versorgt waren. In der Versuchsreihe mit *H. gallinarum* kann einerseits der im Vergleich mit der Kontrollgruppe höhere Futterverzehr der mit U-NSP versorgten Tiere die N-Retention beeinflusst haben, denn die Tiere nahmen anteilmäßig etwas größere Mengen an Aminosäuren und weiteren Nährstoffen mit der in der U-NSP-Mischung enthaltenen Basismischung auf. Außerdem wiesen die Tiere der U-NSP-Gruppe die größten Mengen an Dünndarmdigesta auf. Die gesteigerte N-Retention kann bei diesen Tieren daher sowohl auf höherer intermediärer N-Verwertung als auch auf im Darminhalt vermehrtem Stickstoff beruhen.

Die mit L-NSP versorgten Tiere unterschieden sich in der N-Retention nicht von den Kontrolltieren, obwohl sie in beiden Versuchsreihen etwas weniger Aminosäuren mit der in der L-NSP-Mischung enthaltenen Basismischung aufnahmen. Wahrscheinlich beruhte die N-Retention bei diesen Tieren ebenfalls auf gegenüber den Kontrolltieren höheren intestinalen N-Anteilen. Es wurden spezifische Wirkungen löslicher NSP auf die N-Retention beschrieben, die in Verbindung mit Einflüssen auf die Digestaviskosität und –Passagerate stehen und durch intensivierten N-Umsatz im Intestinaltrakt gekennzeichnet sind (DÄNICKE et al., 2000a; SIMON, 1998). Dadurch könnte die N-Verwertung bzw. die N-Retention auch sinken. Das in der vorliegenden Untersuchung eingesetzte Zichorienwurzelmehl führte jedoch nicht zu viskositätsbedingten Veränderungen der Dünndarmdigesta und Inulin wurde zu großen Anteilen intestinal abgebaut. Damit dürften weniger Einflüsse auf die intestinalen N-Umsetzungen aufgetreten sein.

## 5.6 Einfluss der Infektion auf Verdauungsprozesse und N-Retentionen

Auch wenn die Infektionsraten in der Versuchsreihe mit *A. galli* niedrig lagen, kann doch davon ausgegangen werden, dass die beobachteten Unterschiede in Parametern der Verdauungsphysiologie zwischen nicht infizierten und infizierten Tieren auf den Infektionen beruhten.

**Infektion mit *A. galli***

Die Infektion mit *A. galli* führte zu geringeren Anfangs- und Endgewichten der Tiere (Tab.9). HIEPER und SCHUSTER (1992) beobachteten Inappetenz-bedingte Gewichtsverluste bei mit Parasiten befallenen Wirtstieren. Es scheint, dass in der vorliegenden Untersuchung ein möglicherweise negativer Effekt der Nematodeninfektion auf den Futterverzehr durch den Effekt der NSP-Zulage überkompensiert wurde, denn die Futteraufnahme lag mit den NSP-Zulagen im Vergleich zur Kontrollfütterung höher, und es traten keine Wechselwirkungen zwischen den beiden Versuchsfaktoren „Fütterung" und „Infektion" auf.

Die in den Dünndarmdigesta ermittelten Mengen an unlöslichen und löslichen NSP und in der Tendenz auch die Mengen an Inulin nahmen bei infizierten Tieren ab (Tab.11). Andererseits waren die auf Titandioxid bezogenen relativen Mengen an löslichen NSP der Exkremente und tendenziell auch die Mengen an Inulin bei den infizierten Tieren erhöht (Tab.12). Insgesamt nahmen die verdauten Mengen an NDF und NSP bei infizierten Tieren ab (Tab.10). Für diese Unterschiede zwischen infizierten und nicht infizierten Tieren dürften infektionsbedingte Einflüsse auf die intestinalen mikrobiellen Umsetzungen und auf die Geschwindigkeit der Digestapassage ausschlaggebend gewesen sein. Die N-Retention blieb unbeeinflusst von der Infektion.

**Infektion mit *H. gallinarum***

Die mit *H. gallinarum* infizierten Tiere wiesen signifikant verminderte Futteraufnahmen und geringere Zunahmen auf (Tab.14). Auch von anderen Autoren wurde beobachtet, dass ein starker Befall mit Parasiten beim Wirtstier zu Inappetenz mit der Folge geringerer Zunahmen führt (HIEPE und SCHUSTER, 1992; PETKEVICIUS, 2007).

Im Gegensatz zur Infektion mit *A. galli* führte die Infektion mit *H. gallinarum* zu höherer Dünndarmdigesta-Extraktviskosität (Tab.21). Die Viskositätsmessungen erfolgten in Digestaproben neun Wochen nach der Infektion. Die *A. galli*-Infektionen waren mit nur geringen, die *H. gallinarum*-Infektionen dagegen mit hohen Wurmzahlen pro Tier verbunden. Eine infektionsbedingt gesteigerte Viskosität kann auf verstärkter Mucinbildung beruht haben. Bemerkenswert erscheint, dass sich die Besiedlung der Blinddärme mit *H. gallinarum* auf die Extraktviskosität der Dünndarmdigesta auswirkte.

Von infizierten Tieren wurde trotz verminderten Aufnahmen an NDF und unlöslichen NSP allein weniger Inulin als von nicht infizierten Tieren verdaut (Tab.15). Für NDF lassen sich auf Basis der Sammelmethode NDF-Verdaulichkeiten von 31 % bei nicht infizierten und 33 % bei infizierten Tieren berechnen. Für unlösliche NSP führten beide Methoden der Verdaulichkeitsbestimmung zu keinen signifikanten Unterschieden zwischen nicht infizierten und infizierten Tieren. Die infizierten Tiere wiesen geringere Mengen an Dünndarmdigesta sowie an löslichen NSP in den Dünndarmdigesta mit einer entsprechenden Tendenz für Inulin auf. Bei den auf Titandioxid bezogenen Gehalten der Dünndarmdigesta und Exkremente an löslichen NSP wurden signifikant geringere Werte bei den infizierten Tieren festgestellt (Tab.17). Vermutlich haben die im Blinddarm befindlichen *H. gallinarum* Nematoden die Mikroben, die lösliche NSP abbauen, in ihrer Aktivität beeinflusst. Auch in dieser Versuchsreihe wirkte sich die Infektion nicht auf die N-Retentionen der Tiere aus.

## 5.7 Wechselwirkungen

Die vorliegenden Untersuchungen ermöglichen Prüfungen von Wechselwirkungen zwischen den beiden Versuchsfaktoren „Fütterung“ und „Infektion“. Mit der Versuchsanstellung war die Frage verknüpft, ob die beiden Arten der verfütterten NSP spezifische Möglichkeiten zur Unterdrückung bzw. Steuerung der Parasiteninfektion und damit zur Beeinflussung der Tiergesundheit und der tierischen Leistung bieten würden.

In Untersuchungen an Schweinen wurden bei Fütterung unlöslicher NSP infektionsfördernde und bei Fütterung löslicher NSP infektionssenkende Wirkungen auf die Nematoden *Oesophagostomum dentatum* und *Trichuris suis* beobachtet (PETKEVICIUS et al., 2001; PETKEVICIUS et al., 2003; PETKEVICIUS et al., 2007). In der vorliegenden Arbeit wirkten sich unlösliche NSP nicht signifikant auf die Parasitenentwicklung aus. Die löslichen NSP führten jedoch zur Förderung der Entwicklung von *H. gallinarum*, während die Entwicklung von *A. galli* unbeeinflusst blieb. Dies kann für *A. galli* an der generell niedrigen Infektionsrate gelegen haben. Es lässt sich nicht entscheiden, ob für die zwischen Schweinen und wachsenden Junghennen voneinander abweichenden Beobachtungen spezifische Eigenschaften der verwendeten NSP-Komponenten, parasitenspezifische oder tierartliche Unterschiede ausschlaggebend waren. In der Verdauungsphysiologie der Junghennen traten keine wesentlichen Wechselwirkungen auf. Damit ergaben sich weder für Erbsenschalen als Träger unlöslicher NSP noch für Zichorienwurzelmehl als inulinreicher Träger löslicher NSP Einsatzmöglichkeiten in der Fütterung von wachsenden Junghennen zur Unterdrückung von Infektionen mit *A. galli* und *H. gallinarum*.

## 5.8 Schlussfolgerungen

Die Ergebnisse der vorliegenden Arbeit beruhen auf einer begrenzten Zahl von z.T. innerhalb und zwischen Versuchsdurchgängen erheblich variierenden Beobachtungswerten, die allgemeine Schlussfolgerungen erschweren. Die jeweils drei Versuchsdurchgänge der beiden Versuchsreihen konnten nicht gleichzeitig, sondern nur zeitlich versetzt zu unterschiedlichen Jahreszeiten mit jeweils aus neu beschafften Hauptkomponenten (Getreide, Soja) hergestellten Futtermischungen durchgeführt werden. Die chemischen Analysen zeigten zwar keine größeren Abweichungen in den Gehalten der Futterkomponenten, dennoch können sich analytisch nicht erfasste Eigenschaften der verwendeten Komponenten zwischen den Versuchsdurchgängen geändert und so auch die schwerpunktmäßig auf NSP bezogenen Futterwirkungen mitbeeinflusst haben.

Der Vergleich der mittels Sammelmethode und Indikatormethode ermittelten NSP-Verdaulichkeiten weist darauf hin, dass beide Methoden für lösliche NSP bei reichlicher Fütterung mit der in dieser Untersuchung eingesetzten inulinreichen Fraktion zu gut übereinstimmenden Werten führten, während bei Fütterung ohne Zichorienwurzelmehl größere Unterschiede für die Verdaulichkeit löslicher NSP zugunsten niedrigerer Werte mittels Indikatormethode auftraten. Die Verdaulichkeit unlöslicher NSP wurde mit der Sammelmethode infolge unvermeidbarer und über die Sammelperiode kumulierender Kontamination der Exkremente weniger zuverlässig als mit der Indikatormethode erfasst. Diese Ergebnisse lassen eine nach Zielgröße zu differenzierende Methodenwahl für Verdaulichkeitsbestimmungen beim Hühnergeflügel angeraten erscheinen.

Die auf unverdauliches $TiO_2$ bezogenen Gehalte an unlöslichen und löslichen NSP sowie an Inulin in Dünndarmdigesta und Exkrementen lassen erkennen, dass lösliche NSP und Inulin in erheblichem Umfang im Dickdarm verdaut wurden, während die unlöslichen NSP auch postileal weitgehend unverdaulich waren. In den Versuchsdurchgängen mit *A. galli* wirkte sich die Infektion trotz geringer Infektionsraten deutlich vermindernd auf die Verdaulichkeiten unlöslicher und löslicher NSP inklusive Inulin sowie auf den intestinalen Abbau von NDF aus. Dies erscheint bemerkenswert, weil der Parasit im Dünndarm lebt und die Verdauung der größten Anteile der NSP bzw. NDF vermutlich erst postileal erfolgt. Diese Ergebnisse regen weitere Untersuchungen zu den Zusammenhängen zwischen Verdauungsvorgängen in einzelnen Intestinaltrakbereichen bei *A. galli*-infiziertem Hühnergeflügel an. Überraschenderweise wirkte sich die Infektion mit *H. gallinarum* nur mindernd auf die Verdaulichkeit von Inulin, dagegen nicht auf die Verdauung von NSP und NDF aus, obwohl dieser Parasit in dem hauptsächlich am Abbau dieser Fraktionen beteiligten Dickdarm lebt. Hierfür können parasitbedingte Veränderungen der Mikrobenpopulation bzw. der Mikrobenaktivität im Dickdarm ausschlaggebend gewesen sein. Auch zu dieser Frage sind weitere Untersuchungen zu empfehlen.

Mit den zweifaktoriellen Versuchen unterstellte Wechselwirkungen zwischen unterschiedlichen Einflüssen von unlöslichen bzw. löslichen NSP des Futters und von Nematodeninfektionen auf Verdauungsprozesse und die N-Retention der Tiere wurden nicht in dem erwarteten Umfang bestätigt. Allerdings wurde die Entwicklung von *H. gallinarum* durch Zulagen von Zichorienwurzelmehl gefördert, während die Entwicklung von *A. galli* – möglicherweise infolge der in den Versuchen nur niedrigen Infektionsraten - unbeeinflusst blieb. Die im Bereich der Verdauungsphysiologie innerhalb der beiden Infektionsversuchsreihen so gut wie ausgebliebenen Wechselwirkungen zwischen der Fütterung und der Infektion lassen sich wenigstens teilweise damit begründen, dass die Digestaviskosität von den eingesetzten NSP-Trägern kaum beeinflusst worden ist. Allerdings wurden die Digestamengen im Dünndarm und wahrscheinlich auch im weiteren Intestinaltrakt durch NSP vermehrt. Dies könnte die Aufnahmekapazität und damit die kompensatorische Futteraufnahme der Tiere insbesondere bei Fütterung der löslichen NSP-Zulagen infolge vermutlich zusätzlich verzögerter Digestapassage begrenzt haben, während bei den mit unlöslichen NSP-Zulagen gefütterten Tieren, die trotz erhöhter Digestamengen die zulagebedingte Energieverdünnung des Futters durch entsprechende Futteraufnahme vollständig kompensierten, die Digestapassage beschleunigt gewesen sein dürfte.

Insgesamt bieten Erbsenschalen und Zichorienwurzelmehl in den hier zugeführten Anteilen in der Futtermischung keine Möglichkeit, die Verdauungsprozesse bei wachsenden Junghennen im Sinne der Darmparasitenabwehr und Leistungssteigerung bei Parasitenbefall zu unterstützen.

# 6 Zusammenfassung

Das Hühnergeflügel ist bei Boden- und Außenhaltungssystemen durch Nematodeninfektionen gefährdet. Deshalb werden u.a. Möglichkeiten zur präventiven Infektionsabwehr durch natürlich vorkommende Futterinhaltsstoffe, die das Verdauungsgeschehen und damit auch die Entwicklungsbedingungen von Nematoden im Intestinaltrakt beeinflussen können, gesucht.

In der vorliegenden Arbeit wurden die Einflüsse von Nicht-Stärke-Polysacchariden (NSP) des Futters und von Nematodeninfektionen auf Verdauungsprozesse bei wachsenden Junghennen untersucht. Es kamen drei Futtermischungen zum Einsatz: Grundmischung (K), K plus Erbsenschalen als Quelle unlöslicher NSP (U-NSP) und K plus Zichorienwurzelmehl als Quelle inulinreicher löslicher NSP (L-NSP). Die Zulagen von Erbsenschalen bzw. Zichorienwurzelmehl beliefen sich auf 100g/kg K. Die Untersuchung umfasste zwei Versuchsreihen mit entweder *Ascaridia galli*- oder *Heterakis gallinarum*-Infektionen. Jede Versuchsreihe bestand aus drei Versuchsdurchgängen. In jedem Versuchsdurchgang wurden je 100 Lohmann LSL Hennenküken vom 1. Lebenstag bis zur 8. Lebenswoche (LW) in getrennten, mit Sägespäne eingestreuten Stallabteilen mit den Versuchsfuttermischungen ad libitum versorgt. In der 3. LW wurde jede Fütterungsgruppe in 2 x 50 Tiere unterteilt und jeweils eine dieser Untergruppen per einmaliger oraler Intubation mit 250 bzw. 200 embryonierten Eiern des Dünndarmparasiten *A. galli* oder des Dickdarmparasiten *H. gallinarum* infiziert. In der 8. LW wurden in jedem Versuchsdurchgang 6 Tiere aus jeder der 6 Gruppen in Stoffwechselkäfige verbracht, um nach jeweils fünftägigen Vorfütterungs- und Sammelperioden Nährstoffumsetzungen zu messen. Während dieser Stoffwechselperioden kamen die Futtermischungen mit Zusatz von Titandioxid ($TiO_2$) zum Einsatz. Am Ende der Stoffwechselperioden wurden die Tiere geschlachtet und die Dünndärme zur Ermittlung der Digestamengen entnommen. In den Futtermitteln, Exkrementen und Dünndarmdigesta erfolgten Analysen auf Trockensubstanz (T), unlösliche NSP, lösliche NSP, Inulin und $TiO_2$. Außerdem wurden neutrale Detergentienfaser (NDF) und Stickstoff (N) in Futtermitteln und Exkrementen analysiert. In je einem Versuchsdurchgang mit *A. galli*- bzw. *H. gallinarum*-Infektion wurden in jeder Versuchsgruppe bei 10 bis zur 12. LW in Bodenhaltung verbliebenen Tieren Extraktviskositäten der Dünndarmdigesta gemessen.

Die Untersuchung führte zu folgenden Ergebnissen:

1. Die Entwicklung von *H. gallinarum* wurde durch Zulage von Zichorienwurzelmehl gefördert, die Entwicklung von *A. galli* blieb unbeeinflusst von der Fütterung. Bei den untersuchten Parametern des Verdauungsgeschehens traten keine wesentlichen Wechselwirkungen zwischen den Versuchsfaktoren „Fütterung“ und „Infektion“ auf.

2. Mittels Sammelmethode und Indikatormethode abgeleitete Verdaulichkeiten stimmten für lösliche NSP und für Inulin bei Versorgung der Tiere mit Zulagen löslicher NSP sehr gut, bei Versorgung mit K oder U-NSP und generell für unlösliche NSP weniger überein. Unlösliche NSP wurden bei Anwendung der Sammelmethode infolge unvermeidbarer kumulierender Futterstreuverluste als Ausscheidungen erfasst, die die als verzehrt ermittelten Mengen übertrafen. Dies führte mittels Sammelmethode zu physiologisch unrealistischen Verdaulichkeiten dieser strukturgebenden Faserfraktionen.

3. Die Mengen an Dünndarmdigesta Trockenmasse wurden durch die NSP-Futtermischungen erhöht. Die Extrakt-Viskositäten des Dünndarminhaltes lagen bei Fütterung der NSP-Mischungen in den Versuchsdurchgängen mit *A. galli*-Infektionen bei Fütterung beider NSP-Mischungen, in den Versuchsdurchgängen mit *H. gallinarum*-Infektionen in Verbindung mit L-NSP niedriger als bei den mit K versorgten Tieren.

4. Lösliche NSP wurden bei Versorgung der Tiere mit U-NSP im Vergleich zur Fütterung mit L-NSP in größeren Mengen und von *A. galli*-infizierten im Vergleich zu nicht infizierten Tieren in geringeren Mengen verdaut. Beide Infektionen wirkten sich verdaulichkeitsmindernd auf Inulin aus. Unlösliche NSP waren in beiden Versuchsreihen bei Versorgung der Tiere mit den NSP-Mischungen nur wenig verdaulich (< 10 % n. Indikatormethode). Die Infektionen wirkten sich nicht auf die Verdaulichkeit dieser NSP-Fraktion aus. Die auf unverdauliches $TiO_2$ bezogenen Gehalte an löslichen und unlöslichen NSP sowie an Inulin in Dünndarmdigesta und Exkrementen lassen erkennen, dass lösliche NSP und Inulin in erheblichem Umfang im Dickdarm verdaut wurden, während unlösliche NSP weitgehend unverdaulich waren.

5. Die N-Retention wurde nur in den Versuchsdurchgängen mit *H. gallinarum*-Infektionen bei Versorgung mit U-NSP gegenüber den anderen Fütterungsgruppen erhöht. Die Infektionen wirkten sich nicht auf die N-Retentionen aus.

Die Ergebnisse lassen den Schluss zu, dass Erbsenschalen als Träger unlöslicher NSP und Zichorienwurzelmehl als Träger inulinreicher löslicher NSP in den hier zugeführten Anteilen in der Futtermischung keine Möglichkeiten bieten, die Verdauungsprozesse bei wachsenden Junghennen im Sinne der Darmparasitenabwehr und Leistungssteigerung bei Parasitenbefall zu unterstützen.

# 7 Summary

Poultry is at risk of nematode infections in free-range systems. Therefore, opportunities are sought for the preventive defense against infection by naturally occurring feed ingredients. These might influence the digestive processes and alter the conditions of development of the nematodes.

The objective of this study was to test the influences of non-starch polysaccharides (NSP) of the feed and nematode infections on digestive processes of grower layers. Three experimental diets were used: basal diet (CON), CON plus pea bran as a source of insoluble NSP (I-NSP) and CON plus chicory root meal as a source of soluble inulin rich NSP (S-NSP). The addition of pea bran or chicory root meal totaled 100g/kg CON. The investigation included two trials with either *Ascaridia galli* or *Heterakis gallinarum* infections. Each test series consisted of three test runs. In each run 100 Lohmann LSL one day old female layer chicks were placed in separate compartments strewn with wood shavings and fed with the experimental diets ad libitum until their $8^{th}$ week of age. In the $3^{rd}$ week of age each feeding group was subdivided into 2 x 50 animals and for each feeding group one of the subgroups was infected with 250 or 200 embryonated eggs of the intestinal parasite *A. galli* or colon parasites *H. gallinarum* via oral intubation. In the $8^{th}$ week of age six animals from each of the six groups were transferred to metabolism cages to measure nutrient transformations after a five-day pre-feeding and during a collection period. During these periods titanium dioxide ($TiO_2$) was added to the metabolic diets. At the end of the collection periods the animals were slaughtered and the amount of digesta in the small intestines was determined. The diet, feces and small intestine digesta were examined for dry matter (DM), insoluble NSP, soluble NSP, inulin and $TiO_2$. In addition, neutral detergent fiber (NDF) and nitrogen (N) were analyzed in feed and feces. In one run per trial 10 animals of each experimental group of *A. galli* or *H. gallinarum* remained in free-range until their $12^{th}$ week of age to measure extract viscosity of the small intestine digesta.

The investigation led to the following results:

1. The development of *H. gallinarum* was supported by adding chicory root meal, whereas the development of *A. galli* remained unaffected by feeding. The investigated parameters

of the digestive processes did not show any significant interactions between the experimental factors "feeding" and "infection".

2. By supplying the animals with soluble NSP the digestibilities were improved. This was shown when the soluble NSP and inulin results were compared by means of collection and indicator method. However, the results of collection and indicator method were not in agreement for CON, or I-NSP and generally for insoluble NSP. Insoluble NSP were classified by application of the collection method due to unavoidable cumulative food wastage as feces. When assumed as consumed the determined quantities were exceeded. This led to physiologically unrealistic digestibility of the fiber fractions when using the collection method.

3. The quantities of small intestine digesta-DM were increased by the NSP diets, whereas the extract viscosities of the small intestine contents decreased in comparison to the CON fed animals in the trials with A. galli infections and also in the trials with *H. gallinarum* infections, although here only in combination with S-NSP.

4. Soluble NSP were digested in larger quantities in animals fed with I-NSP compared to animals fed with S-NSP and *A. galli*-infected animals digested soluble NSP in smaller amounts compared to uninfected animals. Infections with both parasites decreased digestibility of inulin. In both trials insoluble NSP were only slightly digestible for animals fed with NSP diets (<10% after indicator method). The infections had no influence on the digestibility of this NSP group. Figures gathered on indigestible $TiO_2$-related levels of soluble and insoluble NSP as well as inulin in the small intestine digesta and feces show that soluble NSP and inulin were digested to a considerable extent in the colon. These results confirm that insoluble NSP were largely indigestible.

5. The N-retention was only increased in the trials with *H. gallinarum* infection fed with I-NSP compared to the other feeding groups. The infections had no effect on the N-retention.

It is concluded that pea bran as a source of insoluble NSP and chicory root meal as a source of inulin-rich soluble NSP in the proportions in the animals supplied in this study offer no opportunities to support the digestive processes in grower layers regarding the defense of intestinal parasites and to increase the performance after parasite infestations.

# 8 Literaturverzeichnis

**Ackert, J. E.** (1931): The Morphology and Life History of the Fowl Nematode *Ascaridia lineata* (Schneider). Parasitology, 23(03): 360-379.

**Aulrich, K. und Flachowsky, G.** (1998): Studies on the mode of action of non-starch-polysaccharides (NSP) degrading enzymes in vitro. 1. communication: Effects on the fractions of NSP. Archive Animal Nutrition, 51: 293-306.

**Bach Knudsen, K. E. und Hansen, I.** (1991): Gastrointestinal implications in pigs of wheat and oat fractions: 1. Digestibility and bulking properties of polysaccharides and other major constituents. British Journal of Nutrition, 65: 217-232.

**Bach Knudsen, K. E. und Canibe, N.** (1997): Digestion of carbohydrates in the small and large intestine of pigs fed on wheat or oat based rolls. In: Laplace, J.P., Fevriere, C. und Barbeau, A. (eds.). Proc. VIIth Int.Symp. Dig. Physiol. pig, Saint Malo, EAAP publ., 88: 562-566.

**Bach Knudsen, K. E.** (2001): The nutritional significance of "dietary fibre" analysis. Animal Feed Science and Technology, 90(1-2): 3-20.

**Bakker, G. C. M., Dekker, R. A., Jongbloed, R. und Jongbloed, A. W.** (1998): Non-starch polysaccharides in pig feeding. Veterinary Quarterly, 20: 59-64.

**Beckmann, L., Vahjen, W. und Simon, O.** (2000): Isolation of an 1,3-1,4-beta-glucan degrading Enterococcus faecium strain from the intestinal tract of chicken and partial characterization of its novel 1,3-1,4-beta-glucanase. Journal of Basic Microbiology, 40(5-6): 303-310.

**Bedford, M. R.** (1995): Mechanism of action and potential environmental benefits from the use of feed enzymes. Animal Feed Science and Technology, 53(2): 145-155.

**BEST, C., SIMON, O. und WEYRAUCH, K. D.** (1999): Einfluss der Digestaviskosität auf die Morphologie des Dünndarms von Broilerküken. Proceedings of the Society of Nutrition Physiology, 8: 118.

**BJØRN, H., ROEPSTORFF, A. und NANSEN, P.** (1996): A possible influence of diet composition on the establishment of nematodes in the pig. Veterinary Parasitology, 63(1-2): 167-171.

**CROMPTON, D. W.** (1984): Influence of parasitic infection on food intake. Federation Proceedings, 43: 239-245.

**DÄNICKE, S., SIMON, O., JEROCH, H. und BEDFORD, M.** (1997): Interactions between dietary fat type and xylanase supplementation when rye-based diets are fed to broiler chickens. 1. physicochemical chyme features. British Poultry Science, 38(5): 537 - 545.

**DÄNICKE, S.** (1999): Zum Einfluss von Nicht-Stärke-Polysacchariden (NSP) und NSP-spaltenden Enzymen auf die Passagezeit der Ingesta sowie den Energie- und Proteinumsatz von wachsenden Schweinen und Broilern. Übersichten zur Tierernährung, 27: 221-273.

**DÄNICKE, S., VAHJEN, W., SIMON, O. und JEROCH, H.** (1999): Effects of dietary fat type and xylanase supplementation to rye-based broiler diets on selected bacterial groups adhering to the intestinal epithelium. on transit time of feed, and on nutrient digestibility. Poultry Science, 78(9): 1292-1299.

**DÄNICKE, S., BOTTCHER, W., JEROCH, H., THIELEBEIN, J. und SIMON, O.** (2000a): Replacement of soybean oil with tallow in rye-based diets without xylanase increases protein synthesis in small intestine of broilers. Journal of Nutrition, 130(4): 827-834.

**DÄNICKE, S., JEROCH, H., BÖTTCHER, W. und SIMON, O.** (2000b): Interactions between dietary fat type and enzyme supplementation in broiler diets with high pentosan contents: effects on precaecal and total tract digestibility of fatty acids, metabolizability of gross energy, digesta viscosity and weights of small intestine. Animal Feed Science and Technology, 84(3-4): 279-294.

**DÄNICKE, S., MOORS, E., BEINEKE, A. und GAULY, M.** (2009): *Ascaridia galli* infection of pullets and intestinal viscosity: consequences for nutrient retention and gut morphology. British Poultry Science, 50(4): 512 - 520.

**DUDA, D.** (2004): Fermentation ausgewählter Kohlenhydrate (insbesondere Mannanoligiosaccharid und Pektin) in vivo und in vitro (Hohenheimer Futterwerttest) beim Schwein. Dissertation, Hannover.

**DUSEL, G., KLUGE, H., GLASER, K., SIMON, O., HARTMANN, G., VON LENGERKEN, J. und JEROCH, H.** (1997): An investigation into the variability of extract viscosity of wheat - Relationship with the content of non-starch-polysaccharide fractions and metabolisable energy for broiler chickens. Archiv Tierernährung, 50(2): 121-135.

**ECKERT, J.** (2000). Helminthosen des Nutzgeflügels. IN ROMMEL, M., ECKERT, J., KUTZER, E., KÖRTING, W., SCHMIEDER, T. (HRSG.) Veterinärmedizinische Parasitologie. 5. Auflage, Paul Parey Verlag, Berlin, Hamburg

**FLAMM, G., GLINSMANN, W., KRITCHEVSKY, D., PROSKY, L. und ROBERTFROID, M.** (2001): Inulin and oligofructose as dietary fiber: a review of the evidence. Critical Reviews in Food Science and Nutrition, 41: 353-362.

**FÖRSTER, D.** (2003): Zum Einsatz von Nicht-Stärke-Polysaccharid (NSP)-hydrolysierenden Enzymen in der Legehennenfütterung. Übersichten Tierernährung, 31: 1-28.

**Gauly, M., Bauer, C., Mertens, C. und Erhardt, G.** (2001): Effect and repeatability of *Ascaridia galli* egg output in cockerels following a single low dose infection. Veterinary Parasitology, 96(4): 301-307.

**Gauly, M., Bauer, C., Preisinger, R. und Erhardt, G.** (2002): Genetic differences of *Ascaridia galli* egg output in laying hens following a single dose infection. Veterinary Parasitology, 103(1-2): 99-107.

**GfE** (1999): Empfehlungen zur Energie- und Nährstoffversorgung der Legehennen und Masthühner (Broiler). DLG-Verlag, Frankfurt am Main.

**Graham, H., Hesselman, K. und Aman, P.** (1986): The Influence of Wheat Bran and Sugar-Beet Pulp on the Digestibility of Dietary Components in a Cereal-Based Pig Diet. Journal of Nutrition, 116(2): 242-251.

**Graham, H., Fadel, J. G., Newman, C. W. und Newman, R. K.** (1989): Effect of Pelleting and beta-Glucanase Supplementation on the Ileal and Fecal Digestibility of a Barley-Based Diet in the Pig. Journal of Animal Science, 67(5): 1293-1298.

**Hartwich, G.** (1975). Die Tierwelt Deutschlands 62. Teil I *Rhabditida* und *Ascaridia*. Fischer Verlag, Jena

**Heinrichs, H.** (1989): Aufschlußverfahren in der Analytischen Geochemie (Teil 1). Sonderdruck aus LaborPraxis, 12/89.

**Hiepe, T. und Schuster, R.** (1992). Helminthosen. In: HEIDER, G., MONREAL, G. (Hrsg.): Krankheiten des Wirtschaftsgeflügels Band 2. Gustav Fischer Verlag, Jena

**Huebener, K., Vahjen, W. und Simon, O.** (2002): Bacterial responses to different dietary cereal types and xylanase supplementation in the intestine of broiler chicken. Archiv Tierernährung, 56(3): 167-187.

**Ikegami, S., Tsuchihashi, F., Harada, H., Tsuchihashi, N., Nishide, E. und Innami, S.** (1990): Effect of Viscous Indigestible Polysaccharides on Pancreatic-Biliary Secretion and Digestive Organs in Rats. Journal of Nutrition, 120(4): 353-360.

**Ikeme, M. M.** (1971): Observations on the pathogenicity and pathology of *Ascaridia galli*. Parasitology, 63(02): 169-179.

**Jamroz, D., Wiliczkiewicz, A., Skorupinska, J. und Orda, J.** (1998): Fermentation and apparent digestion of the structural carbohydrates in chicks, ducks and geese fed triticale mixtures supplemented with enzyme. Journal of Animal Physiology and Animal Nutrition, 79(1): 1-17.

**Jaroni, D., Scheideler, S. E., Beck, M. M. und Wyatt, C.** (1999): The effect of dietary wheat middlings and enzyme supplementation II: apparent nutrient digestibility, digestive tract size, gut viscosity, and gut morphology in two strains of leghorn hens. Poultry Science, 78(12): 1664-1674.

**Jeroch, H. und Dänicke, S.** (1995): Gerste in der Ernährung des Geflügels, insbesondere der Hühner. Übersichten Tierernährung, 23: 27-54.

**Jeroch, H., Dänicke, S. und Brufau, J.** (1995). The influence of enzyme preparations on the nutritional value of cereal for poultry. A review. Journal of Animal Feed and Science, 4: 263-285.

**Jeroch, H., Drochner, W. und Simon, O.** (2008): Ernährung landwirtschaftlicher Nutztiere. 2., überarbeitete Auflage. Eugen Ulmer Verlag, Stuttgart.

**Jorgensen, H., Zhao, X. Q., Knudsen, K. E. und Eggum, B. O.** (1996): The influence of dietary fibre source and level on the development of the gastrointestinal tract, digestibility and energy metabolism in broiler chickens. British Journal of Nutrition, 75(3): 379-395.

**Keutgen, H., Wurm, S. und Ueberschär, S.** (1999): Pathologisch-anatomische Untersuchungen bei Legehennen aus verschiedenen Haltungssystemen. Deutsche Tierärztliche Wochenschrift, 106: 125-188.

**Kirchgessner, M.** (2004): Tierernährung. DLG-Verlag, Frankfurt am Main.

**Langhout, D. J., Schutte, J. B., Van Leeuwen, P., Wiebenga, J. und Tamminga, S.** (1999): Effect of dietary high-and low-methylated citrus pectin on the activity of the ileal microflora and morphology of the small intestinal wall of broiler chicks. British Poultry Science, 40(3): 340 - 347.

**Loh, G.** (2002): Anwendung von rRNA-Oligonukleotidsonden zum Nachweis nutritiver Einflüsse auf bakterielle Stoffwechselaktivitäten im Verdauungstrakt von Broilern. Dissertation, Berlin.

**McDougald, L. R.** (1998): Intestinal protozoa important to poultry. Poultry Science, 77(8): 1156-1158.

**Megazyme** (2007): Total Dietary Fibre Assay Procedure. Megazyme International Ireland Limited.

**Naumann, C. und Bassler, R.** (1976): Methodenbuch. Band III. Die chemische Untersuchung von Futtermitteln, mit Ergänzungslieferungen. VDLUFA-Verlag, Darmstadt.

**Oßwald, T.** (2006): Nicht-Stärke-Polysaccharid hydrolysierende Enzyme und deren Wirkung auf den Nährstoffumsatz und mikrobielle Stoffwechselprodukte im Verdauungstrakt des Ferkels. Dissertation, Berlin.

**Pearce, G. P.** (1999): Interactions between dietary fibre, endo-parasites and Lawsonia intracellularis bacteria in grower-finisher pigs. Veterinary Parasitology, 87(1): 51-61.

**Permin, A., Bojesen, M., Nansen, P., Bisgaard, M., Frandsen, F. und Pearman, M.** (1997): *Ascaridia galli* populations in chickens following single infections with different dose levels. Parasitology Research, 83(6): 614-617.

**Permin, A., Bisgaard, M., Frandsen, F., Pearman, M., Kold, J. und Nansen, P.** (1999): Prevalence of gastrointestinal helminths in different poultry production systems. British Poultry Science, 40(4): 439 - 443.

**Petkevicius, S., Knudsen, K. E. B., Nansen, P. und Murrell, K. D.** (2001): The effect of dietary carbohydrates with different digestibility on the populations of *Oesophagostomum dentatum* in the intestinal tract of pigs. Parasitology, 123: 315-324.

**Petkevicius, S., Knudsen, K. E. B., Murrell, K. D. und Wachmann, H.** (2003): The effect of inulin and sugar beet fibre on *Oesophagostomum dentatum* infection in pigs. Parasitology, 127: 61-68.

**Petkevicius, S.** (2007): The interaction between intestinal helminth infection and host nutrition. Review. Veterinarija ir Zootechnika, 37: 53-59.

**Petkevicius, S., Thomsen, L. E., Knudsen, K. E. B., Murrell, K. D., Roepstorff, A. und Boes, J.** (2007): The effect of inulin on new and on patent infections of *Trichuris suis* in growing pigs. Parasitology, 134: 121-127.

**Potkins, Z. V., Lawrence, T. L. J. und Thomlinson, J. R.** (1991): Effects of structural and non-structural polysaccharides in the diet of the growing pig on gastric emptying rate of passage of digesta to the terminal ileum and through the total gastrointestinal tract. British Journal of Nutrition, 65: 391-413.

**Rehman, H., Bohm, J. und Zentek, J.** (2008): Effects of differentially fermentable carbohydrates on the microbial fermentation profile of the gastrointestinal tract of broilers. Journal of Animal Physiology and Animal Nutrition, 92(4): 471-480.

**Reid, W. M.** (1960): Effects of Temperature on the Development of the Eggs of *Ascaridia galli*. Journal of Parasitology, 46(1): 63-67.

**Rerat, A.** (1981): Verdauung und Stoffwechsel von Kohlenhydraten und Proteinen im Dickdarm von Omnivoren. Übersichten Tierernährung, 9: 177-231.

**Roberfroid, M.** (1993): Dietary fiber, inulin, and oligofructose: A review comparing their physiological effects. Critical Reviews in Food Science and Nutrition, 33(2): 103 - 148.

**Roberfroid, M. B. und Delzenne, N. M.** (1998): Dietary fructans. Annual Review of Nutrition, 18: 117-143.

**Roberfroid, M. B., Van Loo, J. A. E. und Gibson, G. R.** (1998): The bifidogenic nature of chicory inulin and its hydrolysis products. Journal of Nutrition, 128(1): 11-19.

**Ruff, M. D. und Norton, R. A.** (1997). Internal parasites. In: Calnek, B. W., Barnes, H.J., Beard, C.W., McDougald, L.R., Saif, Y.M. Diseases of Poultry. ed. Iowa State University Press, Ames, IA

**Ruff, M. D.** (1999): Important parasites in poultry production systems. Veterinary Parasitology, 84(3-4): 337-347.

**Simon, O.** (1998): The mode of action of NSP hydrolysing enzymes in the gastrointestinal tract. Journal of Animal and Feed Sciences, 7: 115-123.

**Smits, C. H. M., Moughan, P. J. und Beynen, A. C.** (2000): The inhibitory effect of a highly viscous carboxymethylcellulose on dietary fat digestibility in the growing chicken is dependent on the type of fat. Journal of Animal Physiology and Animal Nutrition, 83(4-5): 231-238.

**Theander, O., Westerlund, E., Aman, P. und Graham, H.** (1989): Plant-Cell Walls and Monogastric Diets. Animal Feed Science and Technology, 23(1-3): 205-225.

**Tugwell, R. L. und Ackert, J. E.** (1952): On the tissue phase of the life cycle of the fowl nematode *Ascaridia galli* (Schrank). Journal of Parasitology 4: 277-288.

**Vahjen, W., Glaser, K., Schafer, K. und Simon, O.** (1998): Influence of xylanase-supplemented feed on the development of selected bacterial groups in the intestinal tract of broiler chicks. Journal of Agricultural Science, 130: 489-500.

**Van Soest, P. J., Robertson, J. B. und Lewis, B. A.** (1991): Methods for Dietary Fiber, Neutral Detergent Fiber, and Nonstarch Polysaccharides in Relation to Animal Nutrition. Journal of Dairy Science, 74(10): 3583-3597.

**Verdonk, J., Shim, S. B., van Leeuwen, P. und Verstegen, M. W. A.** (2005): Application of inulin-type fructans in animal feed and pet food. British Journal of Nutrition, 93: 125-138.

**Viveros, A., Brenes, A., Pizarro, M. und Castaño, M.** (1994): Effect of enzyme supplementation of a diet based on barley, and autoclave treatment, on apparent digestibility, growth performance and gut morphology of broilers. Animal Feed Science and Technology, 48(3-4): 237-251.

**Warren, R. A. J.** (1996): Microbial hydrolysis of polysaccharides. Annual Review of Microbiology, 50: 183-212.

**Wenk, C. und Zurcher, U.** (1990): Energy-Utilization of Fibrous by-Products of the Milling and Food-Industry in Pigs. Archiv Tierernährung, 40(5-6): 423-430.

**Wiese, F.** (2002): Der Einfluss viskositätsbildender Nicht-Stärke-Polysaccharide auf die Morphologie der Dünndarmschleimhaut von Ferkeln. Dissertation, Berlin.

**Zeller, B.** (1990): Vergleichende Untersuchungen über den Endoparasitenbefall der Haushühner (Gallus gallus var. domesticus) beim Wirtschafts- und Rassegeflügel. Dissertation, München.

# 9 Anhang

## 9.1 Inhaltsstoffe der in den Stoffwechselversuchen eingesetzten Futtermischungen

ATab.1: Gehalte der Futtermischungen K an Trockenmasse (g T/kg) und Inhaltsstoffen (g/kg T)

| | Versuchsdurchgang | | | | | |
|---|---|---|---|---|---|---|
| **Inhaltsstoff** | **1** | **2** | **3** | **4** | **5** | **6** |
| Trockenmasse | 896 | 910 | 903 | 900 | 902 | 902 |
| organische Masse | 941 | 935 | 935 | 936 | 939 | 941 |
| Rohprotein | 223 | 210 | 222 | 228 | 205 | 206 |
| Rohfett | 40 | 42 | 41 | 37 | 42 | 40 |
| Stärke | 499 | 478 | 480 | 486 | 533 | 521 |
| NDF | 123 | 110 | 129 | 111 | 124 | 121 |
| ADF | 27 | 29 | 33 | 32 | 36 | 33 |
| Hemicellulose | 96 | 81 | 95 | 79 | 88 | 88 |
| unlösliche NSP | 108 | 106 | 96 | 110 | 98 | 100 |
| lösliche NSP | 22 | 23 | 16 | 23 | 16 | 23 |
| NFC | 555 | 574 | 544 | 560 | 568 | 574 |
| $AME_N$ (MJ/kg T) | 13.49 | 13.00 | 13.19 | 13.28 | 13.87 | 13.59 |

K = Kontrollfutter; $AME_N$ (MJ/kg T) mit kalkuliertem Zuckerwert der eingesetzten Komponenten abgeleitet

ATab.2: Gehalte der Futtermischungen U-NSP an Trockenmasse (g T/kg) und Inhaltsstoffen (g/kg T)

| | Versuchsdurchgang | | | | | |
|---|---|---|---|---|---|---|
| **Inhaltsstoff** | **1** | **2** | **3** | **4** | **5** | **6** |
| Trockenmasse | 894 | 912 | 905 | 902 | 903 | 905 |
| organische Masse | 944 | 937 | 936 | 939 | 940 | 941 |
| Rohprotein | 202 | 189 | 206 | 208 | 207 | 158 |
| Rohfett | 36 | 38 | 36 | 33 | 42 | 39 |
| Stärke | 461 | 447 | 431 | 444 | 496 | 488 |
| NDF | 177 | 158 | 187 | 170 | 177 | 190 |
| ADF | 87 | 88 | 96 | 92 | 95 | 94 |
| Hemicellulose | 90 | 70 | 91 | 78 | 82 | 95 |
| unlösliche NSP | 178 | 178 | 174 | 179 | 166 | 172 |
| lösliche NSP | 28 | 28 | 18 | 27 | 18 | 24 |
| NFC | 530 | 552 | 507 | 528 | 515 | 554 |
| $AME_N$ (MJ/kg T) | 12.36 | 12.00 | 11.92 | 12.07 | 13.22 | 12.24 |

U-NSP = Futter mit Erbsenschalen (unlösliche NSP); $AME_N$ (MJ/kg T) mit kalkuliertem Zuckerwert der eingesetzten Komponenten abgeleitet

ATab.3: Gehalte der Futtermischungen L-NSP an Trockenmasse (g T/kg) und Inhaltsstoffen (g/kg T)

| | Versuchsdurchgang | | | | | |
|---|---|---|---|---|---|---|
| **Inhaltsstoff** | **1** | **2** | **3** | **4** | **5** | **6** |
| Trockenmasse | 895 | 912 | 905 | 902 | 905 | 905 |
| organische Masse | 939 | 936 | 932 | 936 | 941 | 941 |
| Rohprotein | 196 | 192 | 201 | 210 | 201 | 191 |
| Rohfett | 38 | 38 | 37 | 37 | 38 | 40 |
| Stärke | 433 | 425 | 411 | 416 | 447 | 444 |
| NDF | 123 | 115 | 122 | 106 | 118 | 118 |
| ADF | 33 | 32 | 42 | 39 | 40 | 37 |
| Hemicellulose | 91 | 83 | 80 | 68 | 79 | 81 |
| unlösliche NSP | 108 | 102 | 98 | 111 | 98 | 101 |
| lösliche NSP | 30 | 29 | 20 | 30 | 20 | 23 |
| NFC | 583 | 591 | 571 | 583 | 584 | 593 |
| Inulin | 53 | 53 | 53 | 50 | 50 | 50 |
| $AME_N$ (MJ/kg T) | 12.09 | 11.90 | 11.81 | 12.01 | 12.41 | 12.28 |

L-NSP = Futter mit Zichorienwurzelmehl (lösliche NSP); $AME_N$ (MJ/kg T) mit kalkuliertem Zuckerwert der eingesetzten Komponenten abgeleitet

## 9.2 Infektionsdaten

ATab.4: Infektionsnachweis (x) und Anzahl Würmer pro Tier im Durchgang 1 mit *A. galli*

| Gruppe | Tier | Infektion | Anzahl Würmer/Tier |
|---|---|---|---|
| K | 94 | - | 0 |
| | 65 | - | 0 |
| | 69 | - | 0 |
| | 317 | - | 0 |
| | 61 | - | 0 |
| | 70 | - | 0 |
| U-NSP | 174 | x | 2 |
| | 199 | - | 0 |
| | 166 | - | 0 |
| | 181 | x | 1 |
| | 161 | - | 0 |
| | 160 | x | 1 |
| L-NSP | 344 | x | 1 |
| | 272 | - | 0 |
| | 351 | - | 0 |
| | 301 | - | 0 |
| | 281 | - | 0 |
| | 298 | - | 0 |

K = Kontrollfutter; U-NSP = Futter mit Erbsenschalen (unlösliche NSP); L-NSP = Futter mit Zichorienwurzelmehl (lösliche NSP); - = nicht infiziert; x = infiziert

ATab.5: Infektionsnachweis (x) und Anzahl Würmer pro Tier im Durchgang 2 mit *A. galli*

| Gruppe | Tier | Infektion | Anzahl Würmer/Tier |
|---|---|---|---|
| K | 759 | - | 0 |
| | 762 | - | 0 |
| | 769 | x | 1 |
| | 775 | x | 1 |
| | 778 | - | 0 |
| | 796 | x | 2 |
| U-NSP | 864 | - | 0 |
| | 870 | - | 0 |
| | 873 | - | 0 |
| | 881 | - | 0 |
| | 894 | - | 0 |
| | 904 | - | 0 |
| L-NSP | 960 | - | 0 |
| | 966 | - | 0 |
| | 984 | - | 0 |
| | 998 | - | 0 |
| | 999 | - | 0 |
| | 1007 | x | 3 |

K = Kontrollfutter; U-NSP = Futter mit Erbsenschalen (unlösliche NSP); L-NSP = Futter mit Zichorienwurzelmehl (lösliche NSP); - = nicht infiziert; x = infiziert

ATab.6: Infektionsnachweis (x) und Anzahl Würmer pro Tier im Durchgang 3 mit *A. galli*

| Gruppe | Tier | Infektion | Anzahl Würmer/Tier |
|---|---|---|---|
| K | 780 | x | 11 |
| | 799 | x | 4 |
| | 818 | x | 2 |
| | 833 | - | 0 |
| | 841 | - | 0 |
| | 843 | - | 0 |
| U-NSP | 984 | - | 0 |
| | 1024 | x | 4 |
| | 1032 | x | 9 |
| | 1043 | x | 1 |
| | 1049 | x | 3 |
| | 1060 | x | 2 |
| L-NSP | 1122 | x | 2 |
| | 1129 | - | 0 |
| | 1130 | x | 22 |
| | 1134 | x | 5 |
| | 1158 | x | 4 |
| | 1170 | x | 7 |

K = Kontrollfutter; U-NSP = Futter mit Erbsenschalen (unlösliche NSP); L-NSP = Futter mit Zichorienwurzelmehl (lösliche NSP); - = nicht infiziert; x = infiziert

ATab.7: Infektionsnachweis (x) und Anzahl Würmer pro Tier im Durchgang 4 mit *H. gallinarum*

| Gruppe | Tier | Infektion | Anzahl Würmer/Tier |
|---|---|---|---|
| K | 851 | x | 1 |
| | 881 | x | 33 |
| | 959 | x | 65 |
| | 1020 | x | 48 |
| | 1022 | x | 3 |
| | 1032 | x | 4 |
| U-NSP | 1136 | x | 3 |
| | 1137 | x | 20 |
| | 1146 | x | 75 |
| | 1166 | x | 5 |
| | 1190 | x | 9 |
| | 1405 | x | 21 |
| L-NSP | 1203 | x | 56 |
| | 1218 | x | 34 |
| | 1238 | x | 79 |
| | 1241 | x | 22 |
| | 1254 | x | 42 |
| | 1497 | x | 92 |

K = Kontrollfutter; U-NSP = Futter mit Erbsenschalen (unlösliche NSP); L-NSP = Futter mit Zichorienwurzelmehl (lösliche NSP); - = nicht infiziert; x = infiziert

ATab.8: Infektionsnachweis (x) und Anzahl Würmer pro Tier im Durchgang 5 mit *H. gallinarum*

| Gruppe | Tier | Infektion | Anzahl Würmer/Tier |
|---|---|---|---|
| | 372 | x | 3 |
| | 385 | x | 128 |
| K | 419 | x | 234 |
| | 432 | x | 143 |
| | 444 | x | 5 |
| | 681 | x | 24 |
| | 101 | x | 2 |
| | 106 | x | 283 |
| U-NSP | 123 | x | 138 |
| | 133 | x | 192 |
| | 136 | x | 96 |
| | 165 | x | 169 |
| | 22 | x | 103 |
| | 29 | x | 110 |
| L-NSP | 34 | x | 220 |
| | 40 | x | 170 |
| | 43 | x | 164 |
| | 70 | x | 169 |

K = Kontrollfutter; U-NSP = Futter mit Erbsenschalen (unlösliche NSP); L-NSP = Futter mit Zichorienwurzelmehl (lösliche NSP); - = nicht infiziert; x = infiziert

ATab.9: Infektionsnachweis (x) und Anzahl Würmer pro Tier im Durchgang 6 mit *H. gallinarum*

| Gruppe | Tier | Infektion | Anzahl Würmer/Tier |
|---|---|---|---|
| | 683 | x | 50 |
| | 688 | x | 15 |
| K | 692 | x | 152 |
| | 1151 | x | 13 |
| | 1158 | - | 0 |
| | 1164 | x | 39 |
| | 651 | x | 6 |
| | 653 | x | 63 |
| U-NSP | 657 | x | 192 |
| | 660 | x | 96 |
| | 1277 | x | 169 |
| | 1296 | x | 12 |
| | 1358 | x | 7 |
| | 1360 | x | 168 |
| L-NSP | 1365 | x | 127 |
| | 1369 | x | 92 |
| | 1384 | x | 26 |
| | 1396 | x | 135 |

K = Kontrollfutter; U-NSP = Futter mit Erbsenschalen (unlösliche NSP); L-NSP = Futter mit Zichorienwurzelmehl (lösliche NSP); - = nicht infiziert; x = infiziert

ATab.10: Infektionsnachweis (x) und Anzahl Würmer pro Tier im Durchgang der Extrakt-Viskosität der Dünndarmdigesta mit *A. galli*

| Gruppe | Tier | Infektion | Anzahl Würmer/Tier |
|---|---|---|---|
| K | 502 | - | 0 |
| | 509 | x | 2 |
| | 511 | - | 0 |
| | 516 | x | 1 |
| | 522 | - | 0 |
| | 523 | - | 0 |
| | 531 | - | 0 |
| | 534 | - | 0 |
| | 539 | - | 0 |
| | 542 | x | 1 |
| U-NSP | 582 | - | 0 |
| | 603 | x | 1 |
| | 608 | - | 0 |
| | 609 | - | 0 |
| | 611 | - | 0 |
| | 616 | - | 0 |
| | 617 | - | 0 |
| | 624 | - | 0 |
| | 627 | - | 0 |
| | 631 | x | 1 |
| L-NSP | 673 | - | 0 |
| | 676 | - | 0 |
| | 684 | - | 0 |
| | 685 | - | 0 |
| | 691 | - | 0 |
| | 700 | x | 2 |
| | 1323 | - | 0 |
| | 1327 | - | 0 |
| | 1328 | - | 0 |
| | 1329 | x | 1 |

K = Kontrollfutter; U-NSP = Futter mit Erbsenschalen (unlösliche NSP); L-NSP = Futter mit Zichorienwurzelmehl (lösliche NSP); - = nicht infiziert; x = infiziert

ATab.11: Infektionsnachweis (x) und Anzahl Würmer pro Tier im Durchgang der Extrakt-Viskosität der Dünndarmdigesta mit *H. gallinarum*

| Gruppe | Tier | Infektion | Anzahl Würmer/Tier |
|---|---|---|---|
| K | 680 | x | 126 |
| | 682 | x | 78 |
| | 693 | x | 6 |
| | 1111 | x | 101 |
| | 1114 | x | 111 |
| | 1133 | x | 180 |
| | 1142 | x | 1 |
| | 1173 | x | 5 |
| | 1196 | - | 0 |
| | 1199 | x | 4 |
| U-NSP | 662 | x | 115 |
| | 665 | x | 3 |
| | 666 | x | 67 |
| | 667 | x | 198 |
| | 669 | x | 142 |
| | 672 | x | 20 |
| | 1279 | x | 81 |
| | 1280 | x | 43 |
| | 1295 | x | 151 |
| | 1298 | x | 132 |
| L-NSP | 1341 | x | 80 |
| | 1347 | x | 171 |
| | 1351 | x | 113 |
| | 1352 | x | 37 |
| | 1353 | x | 20 |
| | 1361 | x | 27 |
| | 1381 | x | 19 |
| | 1387 | x | 136 |
| | 1389 | x | 135 |
| | 1395 | x | 14 |

K = Kontrollfutter; U-NSP = Futter mit Erbsenschalen (unlösliche NSP); L-NSP = Futter mit Zichorienwurzelmehl (lösliche NSP); - = nicht infiziert; x = infiziert

## 9.3 Daten zur Sammelmethode

ATab.12: Körpergewichtsentwicklung und Futterverwertung der Tiere im Durchgang 1 mit *A. galli*

| Gruppe | Tier | Anfangs-gewicht (g) | End-gewicht (g) | Zunahme (g/d) | Futter-aufnahme (g/d) | Futter-verwertung |
|---|---|---|---|---|---|---|
| K | 7 | 687 | 783 | 13.7 | 42.6 | 0.32 |
| | 37 | 675 | 735 | 8.6 | 40.6 | 0.21 |
| | 51 | 743 | 840 | 13.9 | 48.8 | 0.28 |
| nicht | 9 | 590 | 669 | 11.3 | 38.8 | 0.29 |
| infiziert | 16 | 719 | 818 | 14.1 | 49.2 | 0.29 |
| | 13 | 653 | 740 | 12.4 | 40.8 | 0.30 |
| U-NSP | 107 | 667 | 767 | 14.3 | 50.4 | 0.28 |
| | 144 | 649 | 735 | 12.3 | 51.0 | 0.24 |
| | 102 | 778 | 888 | 15.7 | 53.8 | 0.29 |
| nicht | 135 | 712 | 820 | 15.4 | 48.6 | 0.32 |
| infiziert | 132 | 697 | 773 | 10.9 | 50.6 | 0.21 |
| | 158 | 695 | 769 | 10.6 | 50.8 | 0.21 |
| L-NSP | 224 | 734 | 809 | 10.7 | 48.6 | 0.22 |
| | 205 | 622 | 707 | 12.1 | 44.4 | 0.27 |
| | 211 | 712 | 811 | 14.1 | 49.6 | 0.29 |
| nicht | 202 | 729 | 822 | 13.3 | 52.8 | 0.25 |
| infiziert | 255 | 633 | 711 | 11.1 | 44.4 | 0.25 |
| | 222 | 678 | 752 | 10.6 | 45.8 | 0.23 |
| K | 94 | 642 | 726 | 12.0 | 40.4 | 0.30 |
| | 65 | 662 | 742 | 11.4 | 43.0 | 0.27 |
| | 69 | 659 | 760 | 14.4 | 46.0 | 0.31 |
| infiziert | 317 | 681 | 783 | 14.6 | 50.2 | 0.29 |
| | 61 | 673 | 744 | 10.1 | 43.8 | 0.23 |
| | 70 | 710 | 789 | 11.3 | 42.6 | 0.26 |
| U-NSP | 174 | 693 | 789 | 13.7 | 50.0 | 0.27 |
| | 199 | 740 | 840 | 14.3 | 58.6 | 0.24 |
| | 166 | 652 | 741 | 12.7 | 44.4 | 0.29 |
| infiziert | 181 | 615 | 701 | 12.3 | 41.2 | 0.30 |
| | 161 | 678 | 769 | 13.0 | 51.4 | 0.25 |
| | 160 | 635 | 745 | 15.7 | 46.0 | 0.34 |
| L-NSP | 344 | 622 | 700 | 11.1 | 46.6 | 0.24 |
| | 272 | 635 | 720 | 12.1 | 49.0 | 0.25 |
| | 351 | 656 | 732 | 10.9 | 43.4 | 0.25 |
| infiziert | 301 | 641 | 738 | 13.9 | 44.2 | 0.31 |
| | 281 | 648 | 753 | 15.0 | 49.8 | 0.30 |
| | 298 | 629 | 736 | 15.3 | 48.8 | 0.31 |

K = Kontrollfutter; U-NSP = Futter mit Erbsenschalen (unlösliche NSP); L-NSP = Futter mit Zichorienwurzelmehl (lösliche NSP); Zunahme (g/d) auf 7 Tage bezogen; Futterverwertung = Zunahme (g/d) / Futteraufnahme (g/d)

ATab.13: Verzehrte, ausgeschiedene und retinierte Mengen an Trockenmasse (g/d) im Durchgang 1 mit *A. galli*

| Gruppe | Tier | verzehrt | ausgeschieden | retiniert |
|---|---|---|---|---|
| K | 7 | 38.2 | 11.7 | 26.4 |
| | 37 | 36.4 | 10.9 | 25.4 |
| | 51 | 43.7 | 18.4 | 25.3 |
| nicht | 9 | 34.8 | 13.7 | 21.0 |
| infiziert | 16 | 44.1 | 14.1 | 30.0 |
| | 13 | 36.6 | 14.9 | 21.6 |
| U-NSP | 107 | 45.1 | 16.4 | 28.7 |
| | 144 | - | - | - |
| | 102 | 48.1 | 15.6 | 32.5 |
| nicht | 135 | - | - | - |
| infiziert | 132 | 45.3 | 16.8 | 28.5 |
| | 158 | 45.4 | 24.9 | 20.5 |
| L-NSP | 224 | 43.5 | 19.4 | 24.1 |
| | 205 | 39.7 | 14.0 | 25.7 |
| | 211 | 44.4 | 17.7 | 26.7 |
| nicht | 202 | 47.3 | 14.0 | 33.3 |
| infiziert | 255 | 39.7 | 15.9 | 23.8 |
| | 222 | - | - | - |
| K | 94 | 36.2 | 15.2 | 21.0 |
| | 65 | 38.5 | 17.5 | 21.1 |
| | 69 | - | - | - |
| infiziert | 317 | 45.0 | 19.9 | 25.1 |
| | 61 | - | - | - |
| | 70 | - | - | - |
| U-NSP | 174 | - | - | - |
| | 199 | 52.4 | 18.5 | 33.9 |
| | 166 | 39.7 | 15.0 | 24.7 |
| infiziert | 181 | - | - | - |
| | 161 | 46.0 | 21.2 | 24.8 |
| | 160 | - | - | - |
| L-NSP | 344 | 41.7 | 15.9 | 25.8 |
| | 272 | - | - | - |
| | 351 | 38.8 | 14.6 | 24.2 |
| infiziert | 301 | 39.6 | 15.4 | 24.2 |
| | 281 | 44.6 | 14.6 | 30.0 |
| | 298 | 43.7 | 15.5 | 28.1 |

K = Kontrollfutter; U-NSP = Futter mit Erbsenschalen (unlösliche NSP); L-NSP = Futter mit Zichorienwurzelmehl (lösliche NSP); - = nicht statistisch ausgewertet

ATab.14: Verzehrte, ausgeschiedene und verdaute Mengen an Neutraler Detergentien Faser (g/d) im Durchgang 1 mit *A. galli*

| Gruppe | Tier | verzehrt | ausgeschieden | verdaut |
|---|---|---|---|---|
| K nicht infiziert | 7 | 4.71 | 3.65 | 1.05 |
| | 37 | 4.48 | 3.10 | 1.39 |
| | 51 | 5.39 | 5.24 | 0.15 |
| | 9 | 4.29 | 4.28 | 0.01 |
| | 16 | 5.43 | 3.89 | 1.55 |
| | 13 | 4.51 | 4.14 | 0.37 |
| U-NSP nicht infiziert | 107 | 7.96 | 6.87 | 1.09 |
| | 144 | - | - | - |
| | 102 | 8.50 | 6.42 | 2.07 |
| | 135 | - | - | - |
| | 132 | 7.99 | 7.31 | 0.68 |
| | 158 | - | - | - |
| L-NSP nicht infiziert | 224 | 5.36 | 5.60 | -0.25 |
| | 205 | 4.89 | 3.91 | 0.99 |
| | 211 | 5.47 | 4.95 | 0.52 |
| | 202 | 5.82 | 3.96 | 1.86 |
| | 255 | 4.89 | 4.04 | 0.86 |
| | 222 | - | - | - |
| K infiziert | 94 | 4.46 | 4.58 | -0.11 |
| | 65 | 4.75 | 5.44 | -0.69 |
| | 69 | - | - | - |
| | 317 | 5.54 | 5.83 | -0.28 |
| | 61 | - | - | - |
| | 70 | - | - | - |
| U-NSP infiziert | 174 | - | - | - |
| | 199 | 9.26 | 8.18 | 1.08 |
| | 166 | 7.01 | 6.48 | 0.53 |
| | 181 | - | - | - |
| | 161 | 8.12 | 8.76 | -0.64 |
| | 160 | - | - | - |
| L-NSP infiziert | 344 | 5.14 | 4.34 | 0.80 |
| | 272 | - | - | - |
| | 351 | 4.78 | 4.19 | 0.60 |
| | 301 | 4.87 | 4.17 | 0.71 |
| | 281 | 5.49 | 4.03 | 1.46 |
| | 298 | 5.38 | 4.44 | 0.94 |

K = Kontrollfutter; U-NSP = Futter mit Erbsenschalen (unlösliche NSP); L-NSP = Futter mit Zichorienwurzelmehl (lösliche NSP); - = nicht statistisch ausgewertet

ATab.15: Verzehrte, ausgeschiedene und retinierte Mengen an Stickstoff (g/d) im Durchgang 1 mit *A. galli*

| Gruppe | Tier | verzehrt | ausgeschieden | retiniert |
|---|---|---|---|---|
| | 7 | 1.36 | 0.86 | 0.50 |
| K | 37 | 1.30 | 0.84 | 0.46 |
| | 51 | 1.56 | 1.30 | 0.26 |
| nicht | 9 | 1.24 | 1.01 | 0.23 |
| infiziert | 16 | 1.57 | 1.05 | 0.52 |
| | 13 | - | - | - |
| | 107 | 1.46 | 0.87 | 0.59 |
| U-NSP | 144 | - | - | - |
| | 102 | 1.56 | 0.86 | 0.70 |
| nicht | 135 | - | - | - |
| infiziert | 132 | 1.46 | 0.99 | 0.47 |
| | 158 | - | - | - |
| | 224 | . | - | . |
| L-NSP | 205 | 1.24 | 0.90 | 0.34 |
| | 211 | 1.39 | 1.12 | 0.27 |
| nicht | 202 | 1.48 | 0.91 | 0.57 |
| infiziert | 255 | 1.24 | 0.91 | 0.34 |
| | 222 | - | - | - |
| | 94 | - | - | - |
| K | 65 | - | - | - |
| | 69 | - | - | - |
| infiziert | 317 | - | - | - |
| | 61 | - | - | - |
| | 70 | - | - | - |
| | 174 | . | - | - |
| U-NSP | 199 | 1.70 | 1.03 | 0.66 |
| | 166 | 1.29 | 0.87 | 0.42 |
| infiziert | 181 | - | - | - |
| | 161 | 1.49 | 1.27 | 0.22 |
| | 160 | - | - | - |
| | 344 | 1.31 | 1.00 | 0.31 |
| L-NSP | 272 | - | - | - |
| | 351 | 1.22 | 0.92 | 0.30 |
| infiziert | 301 | 1.24 | 0.97 | 0.27 |
| | 281 | 1.40 | 0.90 | 0.50 |
| | 298 | 1.37 | 0.91 | 0.46 |

K = Kontrollfutter; U-NSP = Futter mit Erbsenschalen (unlösliche NSP); L-NSP = Futter mit Zichorienwurzelmehl (lösliche NSP); N = Rohprotein (%) / 6.25; - = nicht statistisch ausgewertet

ATab.16: Verzehrte, ausgeschiedene und verdaute Mengen an unlöslichen NSP (g/d) im Durchgang 1 mit *A. galli*

| Gruppe | Tier | verzehrt | ausgeschieden | verdaut |
|---|---|---|---|---|
| K nicht infiziert | 7 | 4.11 | 4.02 | 0.09 |
| | 37 | 3.92 | 3.83 | 0.09 |
| | 51 | 4.71 | 6.16 | -1.45 |
| | 9 | 3.74 | 4.64 | -0.90 |
| | 16 | 4.75 | 4.77 | -0.02 |
| | 13 | 3.94 | 4.93 | -0.99 |
| U-NSP nicht infiziert | 107 | 8.01 | 7.72 | 0.29 |
| | 144 | - | - | - |
| | 102 | 8.55 | 7.54 | 1.01 |
| | 135 | - | - | - |
| | 132 | 8.04 | 7.99 | 0.05 |
| | 158 | - | - | - |
| L-NSP nicht infiziert | 224 | 4.69 | 6.29 | -1.60 |
| | 205 | 4.29 | 4.50 | -0.22 |
| | 211 | 4.79 | 5.74 | -0.95 |
| | 202 | 5.10 | 4.62 | 0.47 |
| | 255 | 4.29 | 5.21 | -0.92 |
| | 222 | - | - | - |
| K infiziert | 94 | 3.90 | 5.15 | -1.26 |
| | 65 | 4.15 | 5.82 | -1.67 |
| | 69 | - | - | - |
| | 317 | 4.84 | 6.76 | -1.92 |
| | 61 | - | - | - |
| | 70 | - | - | - |
| U-NSP infiziert | 174 | - | - | - |
| | 199 | 9.31 | 8.78 | 0.53 |
| | 166 | 7.06 | 7.09 | -0.01 |
| | 181 | - | - | - |
| | 161 | 8.17 | 9.73 | -1.56 |
| | 160 | - | - | - |
| L-NSP infiziert | 344 | 4.50 | 5.22 | -0.72 |
| | 272 | - | - | - |
| | 351 | 4.19 | 4.82 | -0.63 |
| | 301 | 4.27 | 5.16 | -0.89 |
| | 281 | 4.81 | 4.59 | 0.22 |
| | 298 | 4.71 | 4.93 | -0.21 |

K = Kontrollfutter; U-NSP = Futter mit Erbsenschalen (unlösliche NSP); L-NSP = Futter mit Zichorienwurzelmehl (lösliche NSP); - = nicht statistisch ausgewertet

ATab.17: Verzehrte, ausgeschiedene und verdaute Mengen an löslichen NSP (g/d) im Durchgang 1 mit *A. galli*

| Gruppe | Tier | verzehrt | ausgeschieden | verdaut |
|---|---|---|---|---|
| K nicht infiziert | 7 | 0.85 | 0.23 | 0.62 |
| | 37 | 0.81 | 0.19 | 0.62 |
| | 51 | 0.98 | 0.31 | 0.67 |
| | 9 | 0.78 | 0.33 | 0.45 |
| | 16 | 0.99 | 0.30 | 0.69 |
| | 13 | 0.82 | 0.24 | 0.58 |
| U-NSP nicht infiziert | 107 | 1.25 | 0.46 | 0.79 |
| | 144 | - | - | - |
| | 102 | 1.33 | 0.49 | 0.84 |
| | 135 | - | - | - |
| | 132 | 1.25 | 0.45 | 0.80 |
| | 158 | - | - | - |
| L-NSP nicht infiziert | 224 | 1.30 | 0.63 | 0.67 |
| | 205 | 1.19 | 0.52 | 0.67 |
| | 211 | 1.33 | 0.53 | 0.80 |
| | 202 | 1.41 | 0.50 | 0.91 |
| | 255 | 1.19 | 0.40 | 0.79 |
| | 222 | - | - | - |
| K infiziert | 94 | 0.81 | 0.47 | 0.34 |
| | 65 | 0.86 | 0.50 | 0.36 |
| | 69 | - | - | - |
| | 317 | 1.01 | 0.78 | 0.23 |
| | 61 | - | - | - |
| | 70 | - | - | - |
| U-NSP infiziert | 174 | - | - | - |
| | 199 | 1.45 | 0.48 | 0.97 |
| | 166 | 1.10 | 0.59 | 0.51 |
| | 181 | - | - | - |
| | 161 | 1.27 | 0.78 | 0.49 |
| | 160 | - | - | - |
| L-NSP infiziert | 344 | 1.25 | 0.84 | 0.41 |
| | 272 | - | - | - |
| | 351 | 1.16 | 0.80 | 0.36 |
| | 301 | 1.18 | 0.85 | 0.33 |
| | 281 | 1.33 | 0.86 | 0.47 |
| | 298 | 1.31 | 0.93 | 0.38 |

K = Kontrollfutter; U-NSP = Futter mit Erbsenschalen (unlösliche NSP); L-NSP = Futter mit Zichorienwurzelmehl (lösliche NSP)

ATab.18: Verzehrte, ausgeschiedene und verdaute Mengen an Inulin (g/d) im Durchgang 1 mit *A. galli*

| Gruppe | Tier | verzehrt | ausgeschieden | verdaut |
|---|---|---|---|---|
| L-NSP nicht infiziert | 224 | 2.31 | 0.53 | 1.77 |
| | 205 | 2.11 | 0.48 | 1.63 |
| | 211 | 2.35 | 0.74 | 1.61 |
| | 202 | 2.50 | 0.44 | 2.07 |
| | 255 | 2.11 | 0.79 | 1.32 |
| | 222 | - | - | - |
| L-NSP infiziert | 344 | 2.21 | 0.57 | 1.64 |
| | 272 | - | - | - |
| | 351 | 2.06 | 0.55 | 1.51 |
| | 301 | 2.10 | 0.60 | 1.50 |
| | 281 | 2.36 | 0.67 | 1.70 |
| | 298 | 2.31 | 0.97 | 1.35 |

L-NSP = Futter mit Zichorienwurzelmehl (lösliche NSP)

ATab.19: Körpergewichtsentwicklung und Futterverwertung der Tiere im Durchgang 2 mit *A. galli*

| Gruppe | Tier | Anfangs-gewicht (g) | End-gewicht (g) | Zunahme (g/d) | Futter-aufnahme (g/d) | Futter-verwertung |
|---|---|---|---|---|---|---|
| | 732 | 585 | 627 | 8.40 | 44.8 | 0.19 |
| K | 733 | 659 | 774 | 23.0 | 46.0 | 0.50 |
| | 736 | 665 | 758 | 18.6 | 46.0 | 0.40 |
| nicht | 739 | 654 | 767 | 22.6 | 46.0 | 0.49 |
| infiziert | 743 | 672 | 807 | 27.0 | 46.0 | 0.59 |
| | 746 | 647 | 727 | 16.0 | 46.0 | 0.35 |
| | 804 | 617 | 742 | 25.0 | 50.0 | 0.50 |
| U-NSP | 806 | 636 | 731 | 19.0 | 50.0 | 0.38 |
| | 818 | 617 | 714 | 19.4 | 50.0 | 0.39 |
| nicht | 821 | 598 | 688 | 18.0 | 50.0 | 0.36 |
| infiziert | 851 | 612 | 732 | 24.0 | 50.0 | 0.48 |
| | 852 | 631 | 787 | 31.2 | 50.0 | 0.62 |
| | 909 | 597 | 671 | 14.8 | 47.8 | 0.31 |
| L-NSP | 919 | 536 | 611 | 15.0 | 46.8 | 0.32 |
| | 920 | 609 | 682 | 14.6 | 49.4 | 0.30 |
| nicht | 932 | 608 | 704 | 19.2 | 50.0 | 0.38 |
| infiziert | 935 | 558 | 675 | 23.4 | 50.0 | 0.47 |
| | 945 | 585 | 714 | 25.8 | 50.0 | 0.52 |
| | 759 | 600 | 704 | 20.8 | 46.0 | 0.45 |
| K | 762 | 649 | 746 | 19.4 | 46.0 | 0.42 |
| | 769 | 645 | 745 | 20.0 | 46.0 | 0.43 |
| infiziert | 775 | 659 | 781 | 24.4 | 46.0 | 0.53 |
| | 778 | 589 | 656 | 13.4 | 46.0 | 0.29 |
| | 796 | 575 | 663 | 17.6 | 46.0 | 0.38 |
| | 864 | 660 | 746 | 17.2 | 50.0 | 0.34 |
| U-NSP | 870 | 610 | 722 | 22.4 | 50.0 | 0.45 |
| | 873 | 583 | 672 | 17.8 | 47.2 | 0.38 |
| infiziert | 881 | 629 | 725 | 19.2 | 49.8 | 0.39 |
| | 894 | 581 | 650 | 13.8 | 46.8 | 0.29 |
| | 904 | 585 | 675 | 18.0 | 46.0 | 0.39 |
| | 960 | 583 | 739 | 31.2 | 50.0 | 0.62 |
| L-NSP | 966 | 579 | 657 | 15.6 | 48.8 | 0.32 |
| | 984 | 539 | 624 | 17.0 | 47.6 | 0.36 |
| infiziert | 998 | 668 | 776 | 21.6 | 50.0 | 0.43 |
| | 999 | 577 | 665 | 17.6 | 50.0 | 0.35 |
| | 1007 | 553 | 663 | 22.0 | 49.0 | 0.45 |

K = Kontrollfutter; U-NSP = Futter mit Erbsenschalen (unlösliche NSP); L-NSP = Futter mit Zichorienwurzelmehl (lösliche NSP); Futterverwertung = Zunahme (g/d) / Futteraufnahme (g/d)

ATab.20: Verzehrte, ausgeschiedene und retinierte Mengen an Trockenmasse (g/d) im Durchgang 2 mit *A. galli*

| Gruppe | Tier | verzehrt | ausgeschieden | retiniert |
|---|---|---|---|---|
| K nicht infiziert | 732 | 40.8 | 12.9 | 27.9 |
| | 733 | 41.9 | 12.3 | 29.6 |
| | 736 | 41.9 | 13.7 | 28.2 |
| | 739 | 41.9 | 13.3 | 28.6 |
| | 743 | 41.9 | 13.5 | 28.4 |
| | 746 | 41.9 | 13.1 | 28.8 |
| U-NSP nicht infiziert | 804 | 45.6 | 15.8 | 29.8 |
| | 806 | 45.6 | 19.6 | 26.0 |
| | 818 | 45.6 | 15.7 | 29.9 |
| | 821 | 45.6 | 16.6 | 29.0 |
| | 851 | 45.6 | 20.0 | 25.6 |
| | 852 | 45.6 | 18.6 | 27.0 |
| L-NSP nicht infiziert | 909 | 43.6 | 12.9 | 30.7 |
| | 919 | 42.7 | 12.7 | 30.0 |
| | 920 | 45.1 | 15.0 | 30.0 |
| | 932 | 45.6 | 13.9 | 31.7 |
| | 935 | 45.6 | 17.5 | 28.1 |
| | 945 | 45.6 | 14.9 | 30.7 |
| K infiziert | 759 | 41.9 | 13.6 | 28.3 |
| | 762 | 41.9 | 15.1 | 26.8 |
| | 769 | - | - | - |
| | 775 | 41.9 | 17.0 | 24.8 |
| | 778 | 41.9 | 15.1 | 26.8 |
| | 796 | - | - | - |
| U-NSP infiziert | 864 | 45.6 | 17.5 | 28.1 |
| | 870 | 45.6 | 19.3 | 26.3 |
| | 873 | 43.0 | 17.1 | 25.9 |
| | 881 | - | - | - |
| | 894 | 42.7 | 16.4 | 26.2 |
| | 904 | 41.9 | 17.5 | 24.4 |
| L-NSP infiziert | 960 | - | - | - |
| | 966 | 44.5 | 15.0 | 29.5 |
| | 984 | 43.4 | 14.0 | 29.4 |
| | 998 | 45.6 | 15.3 | 30.3 |
| | 999 | 45.6 | 16.7 | 28.9 |
| | 1007 | 44.7 | 15.8 | 28.9 |

K = Kontrollfutter; U-NSP = Futter mit Erbsenschalen (unlösliche NSP); L-NSP = Futter mit Zichorienwurzelmehl (lösliche NSP)

ATab.21: Verzehrte, ausgeschiedene und verdaute Mengen an Neutraler Detergentien Faser (g/d) im Durchgang 2 mit *A. galli*

| Gruppe | Tier | verzehrt | ausgeschieden | verdaut |
|---|---|---|---|---|
| K nicht infiziert | 732 | 4.50 | 3.70 | 0.79 |
| | 733 | 4.62 | 3.54 | 1.08 |
| | 736 | 4.62 | 3.60 | 1.02 |
| | 739 | 4.62 | 3.57 | 1.05 |
| | 743 | 4.62 | 3.84 | 0.78 |
| | 746 | 4.62 | 3.68 | 0.93 |
| U-NSP nicht infiziert | 804 | 7.20 | 6.28 | 0.92 |
| | 806 | 7.20 | 7.99 | -0.79 |
| | 818 | 7.20 | 6.22 | 0.98 |
| | 821 | 7.20 | 6.43 | 0.77 |
| | 851 | 7.20 | 8.04 | -0.84 |
| | 852 | 7.20 | 7.23 | -0.03 |
| L-NSP nicht infiziert | 909 | 5.01 | 3.81 | 1.20 |
| | 919 | 4.91 | 3.45 | 1.46 |
| | 920 | 5.18 | 3.68 | 1.50 |
| | 932 | 5.25 | 3.52 | 1.72 |
| | 935 | 5.25 | 4.81 | 0.43 |
| | 945 | 5.25 | 4.86 | 0.38 |
| K infiziert | 759 | 4.62 | 3.86 | 0.76 |
| | 762 | 4.62 | 4.08 | 0.54 |
| | 769 | - | - | - |
| | 775 | 4.62 | 4.58 | 0.04 |
| | 778 | 4.62 | 4.63 | -0.02 |
| | 796 | - | - | - |
| U-NSP infiziert | 864 | 7.20 | 7.20 | 0.00 |
| | 870 | 7.20 | 7.37 | -0.17 |
| | 873 | 6.80 | 7.71 | -0.91 |
| | 881 | - | - | - |
| | 894 | 6.74 | 7.15 | -0.41 |
| | 904 | 6.62 | 7.56 | -0.94 |
| L-NSP infiziert | 960 | - | - | - |
| | 966 | 5.12 | 4.31 | 0.81 |
| | 984 | 4.99 | 4.34 | 0.66 |
| | 998 | 5.25 | 4.53 | 0.71 |
| | 999 | 5.25 | 4.45 | 0.79 |
| | 1007 | 5.14 | 4.87 | 0.27 |

K = Kontrollfutter; U-NSP = Futter mit Erbsenschalen (unlösliche NSP); L-NSP = Futter mit Zichorienwurzelmehl (lösliche NSP); - = nicht statistisch ausgewertet

ATab.22: Verzehrte, ausgeschiedene und retinierte Mengen an Stickstoff (g/d) im Durchgang 2 mit *A. galli*

| Gruppe | Tier | verzehrt | ausgeschieden | retiniert |
|---|---|---|---|---|
| K nicht infiziert | 732 | 1.37 | 1.04 | 0.32 |
| | 733 | 1.41 | 0.92 | 0.49 |
| | 736 | 1.41 | 1.06 | 0.34 |
| | 739 | 1.41 | 1.03 | 0.37 |
| | 743 | 1.41 | 1.02 | 0.39 |
| | 746 | 1.41 | 1.03 | 0.38 |
| U-NSP nicht infiziert | 804 | 1.37 | 0.86 | 0.52 |
| | 806 | 1.37 | 1.11 | 0.27 |
| | 818 | 1.37 | 0.93 | 0.44 |
| | 821 | 1.37 | 0.95 | 0.42 |
| | 851 | 1.37 | 1.16 | 0.21 |
| | 852 | 1.37 | 1.11 | 0.26 |
| L-NSP nicht infiziert | 909 | 1.34 | 0.92 | 0.43 |
| | 919 | 1.31 | 0.86 | 0.45 |
| | 920 | 1.39 | 0.96 | 0.42 |
| | 932 | 1.40 | 0.92 | 0.49 |
| | 935 | 1.40 | 1.13 | 0.27 |
| | 945 | 1.40 | 0.93 | 0.47 |
| K infiziert | 759 | 1.41 | 1.02 | 0.39 |
| | 762 | 1.41 | 1.12 | 0.28 |
| | 769 | - | - | - |
| | 775 | - | - | - |
| | 778 | - | - | - |
| | 796 | - | - | - |
| U-NSP infiziert | 864 | 1.37 | 1.01 | 0.36 |
| | 870 | 1.37 | 1.09 | 0.29 |
| | 873 | 1.30 | 0.99 | 0.30 |
| | 881 | - | - | - |
| | 894 | 1.29 | 0.95 | 0.33 |
| | 904 | 1.26 | 0.97 | 0.30 |
| L-NSP infiziert | 960 | . | 1.44 | . |
| | 966 | 1.37 | 1.00 | 0.37 |
| | 984 | 1.34 | 0.87 | 0.46 |
| | 998 | 1.40 | 0.95 | 0.45 |
| | 999 | 1.40 | 1.09 | 0.31 |
| | 1007 | 1.37 | 0.97 | 0.40 |

K = Kontrollfutter; U-NSP = Futter mit Erbsenschalen (unlösliche NSP); L-NSP = Futter mit Zichorienwurzelmehl (lösliche NSP); N = Rohprotein (%) / 6.25; - = nicht statistisch ausgewertet

ATab.23: Verzehrte, ausgeschiedene und verdaute Mengen an unlöslichen NSP (g/d) im Durchgang 2 mit *A. galli*

| Gruppe | Tier | verzehrt | ausgeschieden | verdaut |
|---|---|---|---|---|
| K nicht infiziert | 732 | 4.30 | 4.99 | -0.69 |
| | 733 | 4.42 | 4.58 | -0.17 |
| | 736 | 4.42 | 5.14 | -0.72 |
| | 739 | 4.42 | 5.02 | -0.60 |
| | 743 | 4.42 | 5.00 | -0.58 |
| | 746 | 4.42 | 5.03 | -0.61 |
| U-NSP nicht infiziert | 804 | 8.14 | 7.70 | 0.43 |
| | 806 | 8.14 | 9.83 | -1.69 |
| | 818 | 8.14 | 7.66 | 0.47 |
| | 821 | 8.14 | 7.90 | 0.23 |
| | 851 | 8.14 | 9.91 | -1.78 |
| | 852 | 8.14 | 9.18 | -1.05 |
| L-NSP nicht infiziert | 909 | 4.44 | 4.42 | 0.02 |
| | 919 | 4.35 | 4.24 | 0.11 |
| | 920 | 4.59 | 5.19 | -0.60 |
| | 932 | 4.65 | 4.73 | -0.08 |
| | 935 | 4.65 | 5.86 | -1.22 |
| | 945 | 4.65 | 5.25 | -0.60 |
| K infiziert | 759 | 4.42 | 4.91 | -0.50 |
| | 762 | 4.42 | 5.43 | -1.01 |
| | 769 | - | - | - |
| | 775 | 4.42 | 6.05 | -1.63 |
| | 778 | 4.42 | 5.40 | -0.99 |
| | 796 | - | - | - |
| U-NSP infiziert | 864 | 8.14 | 8.62 | -0.49 |
| | 870 | 8.14 | 9.35 | -1.21 |
| | 873 | 7.68 | 8.58 | -0.90 |
| | 881 | - | - | - |
| | 894 | 7.61 | 7.98 | -0.36 |
| | 904 | 7.48 | 8.62 | -1.13 |
| L-NSP infiziert | 960 | - | - | - |
| | 966 | 4.54 | 5.13 | -0.59 |
| | 984 | 4.42 | 4.87 | -0.44 |
| | 998 | 4.65 | 5.39 | -0.74 |
| | 999 | 4.65 | 5.85 | -1.20 |
| | 1007 | 4.55 | 5.45 | -0.90 |

K = Kontrollfutter; U-NSP = Futter mit Erbsenschalen (unlösliche NSP); L-NSP = Futter mit Zichorienwurzelmehl (lösliche NSP); - = nicht statistisch ausgewertet

ATab.24: Verzehrte, ausgeschiedene und verdaute Mengen an löslichen NSP (g/d) im Durchgang 2 mit *A. galli*

| Gruppe | Tier | verzehrt | ausgeschieden | verdaut |
|---|---|---|---|---|
| | 732 | 0.93 | 0.41 | 0.52 |
| K | 733 | 0.95 | 0.44 | 0.51 |
| | 736 | 0.95 | 0.46 | 0.49 |
| nicht | 739 | 0.95 | 0.44 | 0.51 |
| infiziert | 743 | 0.95 | 0.43 | 0.52 |
| | 746 | 0.95 | 0.45 | 0.50 |
| | 804 | 1.26 | 0.50 | 0.76 |
| U-NSP | 806 | 1.26 | 0.59 | 0.67 |
| | 818 | 1.26 | 0.50 | 0.76 |
| nicht | 821 | 1.26 | 0.49 | 0.76 |
| infiziert | 851 | 1.26 | 0.67 | 0.58 |
| | 852 | 1.26 | 0.64 | 0.62 |
| | 909 | 1.26 | 0.56 | 0.69 |
| L-NSP | 919 | 1.23 | 0.59 | 0.64 |
| | 920 | 1.30 | 0.67 | 0.63 |
| nicht | 932 | 1.31 | 0.69 | 0.63 |
| infiziert | 935 | 1.31 | 0.94 | 0.37 |
| | 945 | 1.31 | 0.81 | 0.51 |
| | 759 | 0.95 | 0.51 | 0.44 |
| K | 762 | 0.95 | 0.58 | 0.37 |
| | 769 | - | - | - |
| infiziert | 775 | 0.95 | 0.66 | 0.29 |
| | 778 | 0.95 | 0.63 | 0.32 |
| | 796 | - | - | - |
| | 864 | 1.26 | 0.63 | 0.63 |
| U-NSP | 870 | 1.26 | 0.76 | 0.50 |
| | 873 | 1.19 | 0.74 | 0.44 |
| infiziert | 881 | - | - | - |
| | 894 | 1.18 | 0.65 | 0.53 |
| | 904 | 1.16 | 0.72 | 0.44 |
| | 960 | - | - | - |
| L-NSP | 966 | 1.28 | 0.86 | 0.42 |
| | 984 | 1.25 | 0.82 | 0.43 |
| infiziert | 998 | 1.31 | 0.83 | 0.48 |
| | 999 | 1.31 | 0.90 | 0.41 |
| | 1007 | 1.29 | 0.94 | 0.35 |

K = Kontrollfutter; U-NSP = Futter mit Erbsenschalen (unlösliche NSP); L-NSP = Futter mit Zichorienwurzelmehl (lösliche NSP); - = nicht statistisch ausgewertet

ATab.25: Verzehrte, ausgeschiedene und verdaute Mengen an Inulin (g/d) im Durchgang 2 mit *A. galli*

| Gruppe | Tier | verzehrt | ausgeschieden | verdaut |
|---|---|---|---|---|
| L-NSP nicht infiziert | 909 | 2.31 | 0.16 | 2.15 |
| | 919 | 2.26 | 0.25 | 2.01 |
| | 920 | 2.39 | 0.29 | 2.10 |
| | 932 | 2.42 | 0.37 | 2.05 |
| | 935 | 2.42 | 0.47 | 1.95 |
| | 945 | 2.42 | 0.40 | 2.02 |
| L-NSP infiziert | 960 | - | - | - |
| | 966 | 2.36 | 0.40 | 1.96 |
| | 984 | 2.30 | 0.46 | 1.84 |
| | 998 | 2.42 | 0.43 | 1.99 |
| | 999 | 2.42 | 0.76 | 1.66 |
| | 1007 | 2.37 | 0.63 | 1.74 |

L-NSP = Futter mit Zichorienwurzelmehl (lösliche NSP)

ATab.26: Körpergewichtsentwicklung und Futterverwertung der Tiere im Durchgang 3 mit *A. galli*

| Gruppe | Tier | Anfangs-gewicht (g) | End-gewicht (g) | Zunahme (g/d) | Futter-aufnahme (g/d) | Futter-verwertung |
|---|---|---|---|---|---|---|
| K nicht infiziert | 721 | 646 | 730 | 16.8 | 49.8 | 0.34 |
| | 732 | 639 | 715 | 15.2 | 47.2 | 0.32 |
| | 741 | 598 | 662 | 12.8 | 41.0 | 0.31 |
| | 746 | 609 | 676 | 13.4 | 43.8 | 0.31 |
| | 747 | 605 | 683 | 15.6 | 45.0 | 0.35 |
| | 761 | 600 | 666 | 13.2 | 45.2 | 0.29 |
| U-NSP nicht infiziert | 903 | 636 | 712 | 15.2 | 52.8 | 0.29 |
| | 904 | 630 | 690 | 12.0 | 49.0 | 0.24 |
| | 923 | 606 | 684 | 15.6 | 49.8 | 0.31 |
| | 940 | 637 | 715 | 15.6 | 49.6 | 0.31 |
| | 953 | 605 | 670 | 13.0 | 49.6 | 0.26 |
| | 959 | 656 | 749 | 18.6 | 52.4 | 0.35 |
| L-NSP nicht infiziert | 1073 | 609 | 676 | 13.4 | 48.4 | 0.28 |
| | 1104 | 661 | 728 | 13.4 | 47.2 | 0.28 |
| | 1112 | 627 | 692 | 13.0 | 46.8 | 0.28 |
| | 1114 | 692 | 772 | 16.0 | 55.4 | 0.29 |
| | 1115 | 595 | 673 | 15.6 | 50.8 | 0.31 |
| | 1117 | 574 | 644 | 14.0 | 45.0 | 0.31 |
| K infiziert | 780 | 582 | 643 | 12.2 | 47.6 | 0.26 |
| | 799 | 570 | 647 | 15.4 | 45.6 | 0.34 |
| | 818 | 652 | 727 | 15.0 | 51.6 | 0.29 |
| | 833 | 633 | 694 | 12.2 | 42.6 | 0.29 |
| | 841 | 650 | 724 | 14.8 | 45.8 | 0.32 |
| | 843 | 605 | 673 | 13.6 | 44.8 | 0.30 |
| U-NSP infiziert | 984 | 560 | 628 | 13.6 | 47.0 | 0.29 |
| | 1024 | 593 | 662 | 13.8 | 52.6 | 0.26 |
| | 1032 | 627 | 677 | 10.0 | 46.8 | 0.21 |
| | 1043 | 655 | 733 | 15.6 | 57.0 | 0.27 |
| | 1049 | 627 | 687 | 12.0 | 53.4 | 0.22 |
| | 1060 | 504 | 546 | 8.40 | 47.0 | 0.18 |
| L-NSP infiziert | 1122 | 644 | 691 | 9.40 | 49.2 | 0.19 |
| | 1129 | 592 | 667 | 15.0 | 53.0 | 0.28 |
| | 1130 | 623 | 690 | 13.4 | 48.6 | 0.28 |
| | 1134 | 539 | 606 | 13.4 | 46.0 | 0.29 |
| | 1158 | 665 | 712 | 9.40 | 52.8 | 0.18 |
| | 1170 | 576 | 641 | 13.0 | 44.6 | 0.29 |

K = Kontrollfutter; U-NSP = Futter mit Erbsenschalen (unlösliche NSP); L-NSP = Futter mit Zichorienwurzelmehl (lösliche NSP); Futterverwertung = Zunahme (g/d) / Futteraufnahme (g/d)

ATab.27: Verzehrte, ausgeschiedene und retinierte Mengen an Trockenmasse (g/d) im Durchgang 3 mit *A. galli*

| Gruppe | Tier | verzehrt | ausgeschieden | retiniert |
|---|---|---|---|---|
| K nicht infiziert | 721 | 45.0 | 13.9 | 31.1 |
| | 732 | 42.6 | 13.0 | 29.6 |
| | 741 | 37.0 | 10.7 | 26.3 |
| | 746 | 39.5 | 12.9 | 26.7 |
| | 747 | 40.6 | 11.5 | 29.1 |
| | 761 | 40.8 | 10.6 | 30.2 |
| U-NSP nicht infiziert | 903 | 47.8 | 17.3 | 30.5 |
| | 904 | 44.3 | 14.2 | 30.1 |
| | 923 | 45.1 | 13.4 | 31.6 |
| | 940 | 44.9 | 13.7 | 31.2 |
| | 953 | 44.9 | 13.1 | 31.8 |
| | 959 | 47.4 | 17.6 | 29.8 |
| L-NSP nicht infiziert | 1073 | 43.8 | 12.0 | 31.8 |
| | 1104 | 42.7 | 12.6 | 30.1 |
| | 1112 | 42.4 | 11.8 | 30.6 |
| | 1114 | 50.2 | 14.2 | 35.9 |
| | 1115 | 46.0 | 12.6 | 33.4 |
| | 1117 | 40.7 | 11.4 | 29.3 |
| K infiziert | 780 | 43.0 | 10.6 | 32.4 |
| | 799 | 41.2 | 10.2 | 31.0 |
| | 818 | 46.6 | 11.4 | 35.2 |
| | 833 | 38.5 | 10.0 | 28.4 |
| | 841 | 41.3 | 13.8 | 27.5 |
| | 843 | 40.4 | 12.3 | 28.1 |
| U-NSP infiziert | 984 | 42.5 | 13.8 | 28.8 |
| | 1024 | 47.6 | 15.5 | 32.1 |
| | 1032 | 42.3 | 16.0 | 26.3 |
| | 1043 | 51.6 | 16.5 | 35.1 |
| | 1049 | 48.3 | 16.4 | 31.9 |
| | 1060 | 42.5 | 14.2 | 28.4 |
| L-NSP infiziert | 1122 | - | - | - |
| | 1129 | 48.0 | 14.4 | 33.6 |
| | 1130 | 44.0 | 12.5 | 31.5 |
| | 1134 | 41.6 | 13.0 | 28.6 |
| | 1158 | 47.8 | 15.3 | 32.5 |
| | 1170 | 40.4 | 11.7 | 28.6 |

K = Kontrollfutter; U-NSP = Futter mit Erbsenschalen (unlösliche NSP); L-NSP = Futter mit Zichorienwurzelmehl (lösliche NSP)

ATab.28: Verzehrte, ausgeschiedene und verdaute Mengen an Neutraler Detergentien Faser (g/d) im Durchgang 3 mit *A. galli*

| Gruppe | Tier | verzehrt | ausgeschieden | verdaut |
|---|---|---|---|---|
| K nicht infiziert | 721 | 5.78 | 4.00 | 1.78 |
| | 732 | 5.47 | 3.79 | 1.68 |
| | 741 | 4.76 | 3.15 | 1.60 |
| | 746 | 5.08 | 3.69 | 1.39 |
| | 747 | 5.22 | 3.28 | 1.94 |
| | 761 | 5.24 | 2.66 | 2.58 |
| U-NSP nicht infiziert | 903 | 8.93 | 6.68 | 2.25 |
| | 904 | 8.29 | 5.77 | 2.52 |
| | 923 | 8.42 | 5.57 | 2.85 |
| | 940 | 8.39 | 5.47 | 2.92 |
| | 953 | 8.39 | 5.16 | 3.23 |
| | 959 | 8.86 | 6.80 | 2.06 |
| L-NSP nicht infiziert | 1073 | 5.34 | 3.40 | 1.94 |
| | 1104 | 5.21 | 3.16 | 2.05 |
| | 1112 | 5.17 | 3.27 | 1.90 |
| | 1114 | 6.12 | 3.60 | 2.52 |
| | 1115 | 5.61 | 3.52 | 2.09 |
| | 1117 | 4.97 | 2.62 | 2.35 |
| K infiziert | 780 | 5.52 | 2.58 | 2.94 |
| | 799 | 5.29 | 2.75 | 2.54 |
| | 818 | 5.99 | 2.99 | 2.99 |
| | 833 | 4.94 | 2.90 | 2.04 |
| | 841 | 5.31 | 3.77 | 1.54 |
| | 843 | 5.20 | 3.56 | 1.64 |
| U-NSP infiziert | 984 | 7.95 | 5.87 | 2.08 |
| | 1024 | 8.89 | 6.52 | 2.37 |
| | 1032 | 7.91 | 6.22 | 1.69 |
| | 1043 | 9.64 | 6.23 | 3.41 |
| | 1049 | 9.03 | 6.61 | 2.42 |
| | 1060 | 7.95 | 4.92 | 3.02 |
| L-NSP infiziert | 1122 | - | - | - |
| | 1129 | 5.85 | 4.00 | 1.85 |
| | 1130 | 5.37 | 3.48 | 1.88 |
| | 1134 | 5.08 | 3.35 | 1.73 |
| | 1158 | 5.83 | 3.99 | 1.84 |
| | 1170 | 4.92 | 2.99 | 1.94 |

K = Kontrollfutter; U-NSP = Futter mit Erbsenschalen (unlösliche NSP); L-NSP = Futter mit Zichorienwurzelmehl (lösliche NSP); - = nicht statistisch ausgewertet

ATab.29: Verzehrte, ausgeschiedene und retinierte Mengen an Stickstoff (g/d) im Durchgang 3 mit *A. galli*

| Gruppe | Tier | verzehrt | ausgeschieden | retiniert |
|---|---|---|---|---|
| K nicht infiziert | 721 | 1.60 | 1.09 | 0.50 |
| | 732 | 1.51 | 1.04 | 0.47 |
| | 741 | 1.31 | 0.86 | 0.46 |
| | 746 | 1.40 | 1.07 | 0.34 |
| | 747 | 1.44 | 0.90 | 0.54 |
| | 761 | 1.45 | 0.86 | 0.59 |
| U-NSP nicht infiziert | 903 | 1.57 | 1.09 | 0.48 |
| | 904 | 1.46 | 0.86 | 0.60 |
| | 923 | 1.48 | 0.78 | 0.70 |
| | 940 | 1.48 | 0.82 | 0.66 |
| | 953 | 1.48 | 0.77 | 0.71 |
| | 959 | 1.56 | 1.02 | 0.54 |
| L-NSP nicht infiziert | 1073 | 1.41 | 0.82 | 0.59 |
| | 1104 | 1.38 | 0.85 | 0.52 |
| | 1112 | 1.36 | 0.86 | 0.51 |
| | 1114 | 1.62 | 0.97 | 0.65 |
| | 1115 | 1.48 | 0.84 | 0.64 |
| | 1117 | 1.31 | 0.76 | 0.55 |
| K infiziert | 780 | 1.53 | 0.79 | 0.74 |
| | 799 | 1.46 | 0.80 | 0.66 |
| | 818 | 1.65 | 0.89 | 0.77 |
| | 833 | 1.37 | 0.82 | 0.54 |
| | 841 | 1.47 | 1.12 | 0.35 |
| | 843 | 1.44 | 1.00 | 0.43 |
| U-NSP infiziert | 984 | 1.40 | 0.80 | 0.60 |
| | 1024 | 1.57 | 0.90 | 0.67 |
| | 1032 | 1.39 | 0.96 | 0.43 |
| | 1043 | 1.70 | 1.04 | 0.66 |
| | 1049 | 1.59 | 1.00 | 0.59 |
| | 1060 | 1.40 | 0.80 | 0.60 |
| L-NSP infiziert | 1122 | - | - | - |
| | 1129 | 1.55 | 0.92 | 0.63 |
| | 1130 | 1.42 | 0.75 | 0.67 |
| | 1134 | 1.34 | 0.84 | 0.50 |
| | 1158 | 1.54 | 0.99 | 0.55 |
| | 1170 | 1.30 | 0.74 | 0.57 |

K = Kontrollfutter; U-NSP = Futter mit Erbsenschalen (unlösliche NSP); L-NSP = Futter mit Zichorienwurzelmehl (lösliche NSP); N = Rohprotein (%) / 6.25; - = nicht statistisch ausgewertet

ATab.30: Verzehrte, ausgeschiedene und verdaute Mengen an Inulin (g/d) im Durchgang 3 mit *A. galli*

| Gruppe | Tier | verzehrt | ausgeschieden | verdaut |
|---|---|---|---|---|
| L-NSP nicht infiziert | 1073 | 2.32 | 0.25 | 2.07 |
| | 1104 | 2.26 | 0.22 | 2.05 |
| | 1112 | 2.25 | 0.14 | 2.10 |
| | 1114 | 2.66 | 0.33 | 2.33 |
| | 1115 | 2.44 | 0.31 | 2.13 |
| | 1117 | 2.16 | 0.28 | 1.88 |
| L-NSP infiziert | 1122 | - | - | - |
| | 1129 | 2.54 | 0.46 | 2.08 |
| | 1130 | 2.33 | 0.45 | 1.88 |
| | 1134 | 2.21 | 0.41 | 1.80 |
| | 1158 | 2.53 | 0.42 | 2.12 |
| | 1170 | 2.14 | 0.39 | 1.75 |

L-NSP = Futter mit Zichorienwurzelmehl (lösliche NSP)

ATab.31: Körpergewichtsentwicklung und Futterverwertung der Tiere im Durchgang 4 mit *H. gallinarum*

| Gruppe | Tier | Anfangs-gewicht (g) | End-gewicht (g) | Zunahme (g/d) | Futter-aufnahme (g/d) | Futter-verwertung |
|---|---|---|---|---|---|---|
| K nicht infiziert | 732 | 623 | 693 | 14.0 | 44.2 | 0.32 |
| | 743 | 631 | 704 | 14.6 | 47.0 | 0.31 |
| | 746 | 664 | 731 | 13.4 | 43.2 | 0.31 |
| | 747 | 603 | 690 | 17.4 | 46.6 | 0.37 |
| | 769 | 660 | 721 | 12.2 | 46.8 | 0.26 |
| | 793 | 612 | 667 | 11.0 | 47.0 | 0.23 |
| U-NSP nicht infiziert | 1049 | 602 | 673 | 14.2 | 49.4 | 0.29 |
| | 1057 | 658 | 700 | 8.40 | 47.4 | 0.18 |
| | 1063 | 636 | 714 | 15.6 | 52.0 | 0.30 |
| | 1073 | 602 | 677 | 15.0 | 46.2 | 0.32 |
| | 1096 | 661 | 746 | 17.0 | 52.0 | 0.33 |
| | 1104 | 577 | 629 | 10.4 | 48.8 | 0.21 |
| L-NSP nicht infiziert | 1421 | 646 | 702 | 11.2 | 52.0 | 0.22 |
| | 1426 | 608 | 673 | 13.0 | 49.8 | 0.26 |
| | 1431 | 627 | 695 | 13.6 | 50.0 | 0.27 |
| | 1440 | 645 | 708 | 12.6 | 48.2 | 0.26 |
| | 1448 | 572 | 648 | 15.2 | 49.8 | 0.31 |
| | 1480 | 673 | 740 | 13.4 | 49.6 | 0.27 |
| K infiziert | 851 | 663 | 696 | 6.60 | 40.0 | 0.17 |
| | 881 | 612 | 645 | 6.60 | 40.0 | 0.17 |
| | 959 | 660 | 715 | 11.0 | 40.0 | 0.28 |
| | 1020 | 557 | 610 | 10.6 | 40.0 | 0.27 |
| | 1022 | 665 | 710 | 9.00 | 40.0 | 0.23 |
| | 1032 | 596 | 646 | 10.0 | 40.0 | 0.25 |
| U-NSP infiziert | 1136 | 582 | 629 | 9.40 | 44.0 | 0.21 |
| | 1137 | 637 | 698 | 12.2 | 44.0 | 0.28 |
| | 1146 | 596 | 656 | 12.0 | 43.2 | 0.28 |
| | 1166 | 692 | 728 | 7.20 | 44.0 | 0.16 |
| | 1190 | 678 | 708 | 6.00 | 44.0 | 0.14 |
| | 1405 | 587 | 631 | 8.80 | 44.0 | 0.20 |
| L-NSP infiziert | 1203 | 655 | 740 | 17.0 | 44.0 | 0.39 |
| | 1218 | 574 | 646 | 14.4 | 44.0 | 0.33 |
| | 1238 | 588 | 639 | 10.2 | 43.8 | 0.23 |
| | 1241 | 609 | 692 | 16.6 | 44.0 | 0.38 |
| | 1254 | 615 | 690 | 15.0 | 44.0 | 0.34 |
| | 1497 | 670 | 698 | 5.60 | 44.0 | 0.13 |

K = Kontrollfutter; U-NSP = Futter mit Erbsenschalen (unlösliche NSP); L-NSP = Futter mit Zichorienwurzelmehl (lösliche NSP); Futterverwertung = Zunahme (g/d) / Futteraufnahme (g/d)

ATab.32: Verzehrte, ausgeschiedene und retinierte Mengen an Trockenmasse (g/d) im Durchgang 4 mit *H. gallinarum*

| Gruppe | Tier | verzehrt | ausgeschieden | retiniert |
|---|---|---|---|---|
| K nicht infiziert | 732 | 39.8 | 11.7 | 28.1 |
| | 743 | 42.3 | 11.9 | 30.4 |
| | 746 | 38.9 | 10.1 | 28.7 |
| | 747 | 41.9 | 10.4 | 31.5 |
| | 769 | 42.1 | 11.1 | 31.0 |
| | 793 | 42.3 | 11.5 | 30.8 |
| U-NSP nicht infiziert | 1049 | 44.5 | 13.9 | 30.6 |
| | 1057 | 42.7 | 14.1 | 28.7 |
| | 1063 | 46.9 | 16.1 | 30.8 |
| | 1073 | 41.7 | 13.0 | 28.6 |
| | 1096 | 46.9 | 15.1 | 31.8 |
| | 1104 | 44.0 | 14.2 | 29.8 |
| L-NSP nicht infiziert | 1421 | 46.9 | 14.6 | 32.2 |
| | 1426 | 44.9 | 12.8 | 32.1 |
| | 1431 | 45.1 | 12.8 | 32.3 |
| | 1440 | 43.5 | 12.9 | 30.6 |
| | 1448 | 44.9 | 13.1 | 31.8 |
| | 1480 | 44.7 | 12.7 | 32.1 |
| K infiziert | 851 | - | - | - |
| | 881 | - | - | - |
| | 959 | - | - | - |
| | 1020 | - | - | - |
| | 1022 | - | - | - |
| | 1032 | - | - | - |
| U-NSP infiziert | 1136 | 39.7 | 12.8 | 26.9 |
| | 1137 | 39.7 | 13.0 | 26.7 |
| | 1146 | 39.0 | 12.4 | 26.6 |
| | 1166 | 39.7 | 12.5 | 27.2 |
| | 1190 | - | - | - |
| | 1405 | 39.7 | 12.9 | 26.8 |
| L-NSP infiziert | 1203 | 39.7 | 11.0 | 28.6 |
| | 1218 | - | - | - |
| | 1238 | 39.5 | 11.3 | 28.1 |
| | 1241 | 39.7 | 11.7 | 28.0 |
| | 1254 | - | - | - |
| | 1497 | 39.7 | 9.62 | 30.0 |

K = Kontrollfutter; U-NSP = Futter mit Erbsenschalen (unlösliche NSP); L-NSP = Futter mit Zichorienwurzelmehl (lösliche NSP); -= nicht statistisch ausgewertet

ATab.33: Verzehrte, ausgeschiedene und verdaute Mengen an Neutraler Detergentien Faser (g/d) im Durchgang 4 mit *H. gallinarum*

| Gruppe | Tier | verzehrt | ausgeschieden | verdaut |
|---|---|---|---|---|
| K nicht infiziert | 732 | 4.40 | 3.21 | 1.18 |
| | 743 | 4.67 | 3.11 | 1.56 |
| | 746 | 4.30 | 2.79 | 1.50 |
| | 747 | 4.63 | 3.09 | 1.54 |
| | 769 | 4.65 | 2.91 | 1.74 |
| | 793 | 4.67 | 3.13 | 1.54 |
| U-NSP nicht infiziert | 1049 | 7.58 | 5.57 | 2.01 |
| | 1057 | 7.27 | 5.63 | 1.64 |
| | 1063 | 7.98 | 6.37 | 1.61 |
| | 1073 | 7.09 | 5.39 | 1.70 |
| | 1096 | 7.98 | 6.43 | 1.55 |
| | 1104 | 7.49 | 5.63 | 1.86 |
| L-NSP nicht infiziert | 1421 | 4.97 | 3.84 | 1.12 |
| | 1426 | 4.76 | 3.41 | 1.35 |
| | 1431 | 4.78 | 3.41 | 1.37 |
| | 1440 | 4.61 | 3.48 | 1.13 |
| | 1448 | 4.76 | 3.67 | 1.09 |
| | 1480 | 4.74 | 3.72 | 1.02 |
| K infiziert | 851 | - | - | - |
| | 881 | - | - | - |
| | 959 | - | - | - |
| | 1020 | - | - | - |
| | 1022 | - | - | - |
| | 1032 | - | - | - |
| U-NSP infiziert | 1136 | 6.75 | 5.68 | 1.06 |
| | 1137 | 6.75 | 5.50 | 1.25 |
| | 1146 | 6.63 | 4.92 | 1.70 |
| | 1166 | 6.75 | 4.76 | 1.99 |
| | 1190 | - | - | - |
| | 1405 | 6.75 | 4.94 | 1.81 |
| L-NSP infiziert | 1203 | 4.20 | 3.11 | 1.09 |
| | 1218 | - | - | - |
| | 1238 | 4.19 | 2.98 | 1.21 |
| | 1241 | 4.20 | 3.18 | 1.03 |
| | 1254 | - | - | - |
| | 1497 | 4.20 | 3.11 | 1.10 |

K = Kontrollfutter; U-NSP = Futter mit Erbsenschalen (unlösliche NSP); L-NSP = Futter mit Zichorienwurzelmehl (lösliche NSP); - = nicht statistisch ausgewertet

ATab.34: Verzehrte, ausgeschiedene und retinierte Mengen an Stickstoff (g/d) im Durchgang 4 mit *H. gallinarum*

| Gruppe | Tier | verzehrt | ausgeschieden | retiniert |
|---|---|---|---|---|
| K nicht infiziert | 732 | 1.45 | 0.97 | 0.49 |
| | 743 | 1.55 | 0.95 | 0.59 |
| | 746 | 1.42 | 0.83 | 0.59 |
| | 747 | 1.53 | 0.81 | 0.72 |
| | 769 | 1.54 | 0.90 | 0.64 |
| | 793 | 1.55 | 0.96 | 0.58 |
| U-NSP nicht infiziert | 1049 | 1.49 | 0.85 | 0.64 |
| | 1057 | 1.43 | 0.88 | 0.55 |
| | 1063 | 1.56 | 0.98 | 0.58 |
| | 1073 | 1.39 | 0.77 | 0.62 |
| | 1096 | 1.56 | 0.88 | 0.68 |
| | 1104 | 1.47 | 0.87 | 0.59 |
| L-NSP nicht infiziert | 1421 | 1.57 | 0.99 | 0.58 |
| | 1426 | 1.51 | 0.87 | 0.64 |
| | 1431 | 1.51 | 0.87 | 0.65 |
| | 1440 | 1.46 | 0.90 | 0.55 |
| | 1448 | 1.51 | 0.83 | 0.68 |
| | 1480 | 1.50 | 0.87 | 0.63 |
| K infiziert | 851 | - | - | - |
| | 881 | - | - | - |
| | 959 | - | - | - |
| | 1020 | - | - | - |
| | 1022 | - | - | - |
| | 1032 | - | - | - |
| U-NSP infiziert | 1136 | 1.32 | 0.75 | 0.58 |
| | 1137 | 1.32 | 0.77 | 0.56 |
| | 1146 | 1.30 | 0.71 | 0.59 |
| | 1166 | 1.32 | 0.83 | 0.49 |
| | 1190 | - | - | - |
| | 1405 | 1.32 | 0.78 | 0.54 |
| L-NSP infiziert | 1203 | 1.33 | 0.73 | 0.60 |
| | 1218 | - | - | - |
| | 1238 | 1.32 | 0.74 | 0.58 |
| | 1241 | 1.33 | 0.82 | 0.51 |
| | 1254 | - | - | - |
| | 1497 | 1.33 | 0.71 | 0.62 |

K = Kontrollfutter; U-NSP = Futter mit Erbsenschalen (unlösliche NSP); L-NSP = Futter mit Zichorienwurzelmehl (lösliche NSP); N = Rohprotein (%) / 6.25; - = nicht statistisch ausgewertet

ATab.35: Verzehrte, ausgeschiedene und verdaute Mengen an unlöslichen NSP (g/d) im Durchgang 4 mit *H. gallinarum*

| Gruppe | Tier | verzehrt | ausgeschieden | verdaut |
|---|---|---|---|---|
| K nicht infiziert | 732 | - | - | - |
| | 743 | 4.67 | 4.22 | 0.44 |
| | 746 | 4.29 | 3.45 | 0.84 |
| | 747 | 4.63 | 3.77 | 0.85 |
| | 769 | 4.65 | 3.71 | 0.94 |
| | 793 | 4.67 | 3.89 | 0.78 |
| U-NSP nicht infiziert | 1049 | 7.96 | 6.81 | 1.15 |
| | 1057 | 7.64 | 6.54 | 1.10 |
| | 1063 | 8.38 | 7.60 | 0.78 |
| | 1073 | 7.45 | 6.41 | 1.04 |
| | 1096 | 8.38 | 7.49 | 0.90 |
| | 1104 | 7.87 | 6.91 | 0.95 |
| L-NSP nicht infiziert | 1421 | 5.18 | 4.59 | 0.59 |
| | 1426 | 4.96 | 4.06 | 0.90 |
| | 1431 | 4.98 | 4.21 | 0.77 |
| | 1440 | 4.80 | 4.04 | 0.77 |
| | 1448 | 4.96 | 4.14 | 0.82 |
| | 1480 | 4.94 | 4.05 | 0.89 |
| K infiziert | 851 | - | - | - |
| | 881 | - | - | - |
| | 959 | - | - | - |
| | 1020 | - | - | - |
| | 1022 | - | - | - |
| | 1032 | - | - | - |
| U-NSP infiziert | 1136 | 7.09 | 6.21 | 0.88 |
| | 1137 | 7.09 | 6.38 | 0.72 |
| | 1146 | 6.96 | 6.13 | 0.83 |
| | 1166 | 7.09 | 5.95 | 1.14 |
| | 1190 | - | - | - |
| | 1405 | 7.09 | 6.20 | 0.90 |
| L-NSP infiziert | 1203 | 4.39 | 3.76 | 0.62 |
| | 1218 | - | - | - |
| | 1238 | 4.37 | 3.91 | 0.45 |
| | 1241 | 4.39 | 3.98 | 0.41 |
| | 1254 | - | - | - |
| | 1497 | 4.39 | 3.14 | 1.25 |

K = Kontrollfutter; U-NSP = Futter mit Erbsenschalen (unlösliche NSP); L-NSP = Futter mit Zichorienwurzelmehl (lösliche NSP); - = nicht statistisch ausgewertet

ATab.36: Verzehrte, ausgeschiedene und verdaute Mengen an löslichen NSP (g/d) im Durchgang 4 mit *H. gallinarum*

| Gruppe | Tier | verzehrt | ausgeschieden | verdaut |
|---|---|---|---|---|
| K | 732 | 0.90 | 0.40 | 0.50 |
| | 743 | 0.96 | 0.38 | 0.58 |
| | 746 | 0.88 | 0.29 | 0.59 |
| nicht | 747 | 0.95 | 0.35 | 0.60 |
| infiziert | 769 | 0.95 | 0.36 | 0.60 |
| | 793 | 0.96 | 0.34 | 0.61 |
| U-NSP | 1049 | 1.22 | 0.45 | 0.77 |
| | 1057 | 1.17 | 0.40 | 0.77 |
| | 1063 | 1.28 | 0.62 | 0.66 |
| nicht | 1073 | 1.14 | 0.51 | 0.62 |
| infiziert | 1096 | 1.28 | 0.60 | 0.68 |
| | 1104 | 1.20 | 0.54 | 0.66 |
| L-NSP | 1421 | 1.39 | 0.81 | 0.58 |
| | 1426 | 1.33 | 0.76 | 0.57 |
| | 1431 | 1.33 | 0.67 | 0.67 |
| nicht | 1440 | 1.29 | 0.79 | 0.50 |
| infiziert | 1448 | 1.33 | 0.81 | 0.52 |
| | 1480 | 1.32 | 0.69 | 0.64 |
| K | 851 | - | - | - |
| | 881 | - | - | - |
| | 959 | - | - | - |
| infiziert | 1020 | - | - | - |
| | 1022 | - | - | - |
| | 1032 | - | - | - |
| U-NSP | 1136 | 1.08 | 0.37 | 0.72 |
| | 1137 | 1.08 | 0.39 | 0.69 |
| | 1146 | 1.06 | 0.44 | 0.62 |
| infiziert | 1166 | 1.08 | 0.31 | 0.77 |
| | 1190 | - | - | - |
| | 1405 | 1.08 | 0.51 | 0.57 |
| L-NSP | 1203 | 1.17 | 0.53 | 0.65 |
| | 1218 | - | - | - |
| | 1238 | 1.17 | 0.54 | 0.63 |
| infiziert | 1241 | 1.17 | 0.64 | 0.53 |
| | 1254 | - | - | - |
| | 1497 | 1.17 | 0.55 | 0.63 |

K = Kontrollfutter; U-NSP = Futter mit Erbsenschalen (unlösliche NSP); L-NSP = Futter mit Zichorienwurzelmehl (lösliche NSP); - = nicht statistisch ausgewertet

ATab.37: Verzehrte, ausgeschiedene und verdaute Mengen an Inulin (g/d) im Durchgang 4 mit *H. gallinarum*

| Gruppe | Tier | verzehrt | ausgeschieden | verdaut |
|---|---|---|---|---|
| L-NSP nicht infiziert | 1421 | 2.34 | 0.79 | 1.55 |
| | 1426 | 2.24 | 0.40 | 1.84 |
| | 1431 | 2.25 | 0.36 | 1.89 |
| | 1440 | 2.17 | 0.52 | 1.65 |
| | 1448 | 2.24 | 0.63 | 1.61 |
| | 1480 | 2.24 | 0.37 | 1.87 |
| L-NSP infiziert | 1203 | 1.98 | 0.40 | 1.58 |
| | 1218 | - | - | - |
| | 1238 | 1.97 | 0.29 | 1.68 |
| | 1241 | 1.98 | 0.40 | 1.58 |
| | 1254 | - | - | - |
| | 1497 | 1.98 | 0.27 | 1.71 |

L-NSP = Futter mit Zichorienwurzelmehl (lösliche NSP)

ATab.38: Körpergewichtsentwicklung und Futterverwertung der Tiere im Durchgang 5 mit *H. gallinarum*

| Gruppe | Tier | Anfangsgewicht (g) | Endgewicht (g) | Zunahme (g/d) | Futteraufnahme (g/d) | Futterverwertung |
|---|---|---|---|---|---|---|
| K nicht infiziert | 194 | 521 | 606 | 17.0 | 48.0 | 0.35 |
| | 365 | 564 | 647 | 16.6 | 50.8 | 0.33 |
| | 366 | 596 | 673 | 15.4 | 52.4 | 0.29 |
| | 367 | 532 | 588 | 11.2 | 46.6 | 0.24 |
| | 370 | 624 | 704 | 16.0 | 51.2 | 0.31 |
| | 371 | 619 | 689 | 14.0 | 51.6 | 0.27 |
| U-NSP nicht infiziert | 202 | 483 | 564 | 16.2 | 58.4 | 0.28 |
| | 207 | 553 | 624 | 14.2 | 50.4 | 0.28 |
| | 223 | 598 | 681 | 16.6 | 57.8 | 0.29 |
| | 228 | 573 | 646 | 14.6 | 54.6 | 0.27 |
| | 234 | 546 | 615 | 13.8 | 58.4 | 0.24 |
| | 238 | 489 | 565 | 15.2 | 54.6 | 0.28 |
| L-NSP nicht infiziert | 81 | 543 | 638 | 19.0 | 52.8 | 0.36 |
| | 82 | 541 | 622 | 16.2 | 51.4 | 0.32 |
| | 91 | 599 | 685 | 17.2 | 54.8 | 0.31 |
| | 97 | 513 | 585 | 14.4 | 48.6 | 0.30 |
| | 147 | 497 | 569 | 14.4 | 47.8 | 0.30 |
| | 293 | 546 | 627 | 16.2 | 48.8 | 0.33 |
| K infiziert | 372 | 561 | 652 | 18.2 | 53.0 | 0.34 |
| | 385 | 590 | 652 | 12.4 | 49.0 | 0.25 |
| | 419 | 550 | 625 | 15.0 | 47.0 | 0.32 |
| | 432 | 564 | 651 | 17.4 | 50.6 | 0.34 |
| | 444 | 656 | 729 | 14.6 | 55.4 | 0.26 |
| | 681 | 605 | 687 | 16.4 | 53.6 | 0.31 |
| U-NSP infiziert | 101 | 546 | 625 | 15.8 | 60.4 | 0.26 |
| | 106 | 555 | 623 | 13.6 | 53.6 | 0.25 |
| | 123 | 560 | 633 | 14.6 | 58.4 | 0.25 |
| | 133 | 598 | 670 | 14.4 | 56.8 | 0.25 |
| | 136 | 585 | 673 | 17.6 | 57.0 | 0.31 |
| | 165 | 512 | 560 | 9.60 | 50.4 | 0.19 |
| L-NSP infiziert | 22 | 542 | 595 | 10.6 | 49.4 | 0.21 |
| | 29 | 608 | 706 | 19.6 | 56.4 | 0.35 |
| | 34 | 632 | 674 | 8.40 | 51.0 | 0.16 |
| | 40 | 625 | 723 | 19.6 | 56.6 | 0.35 |
| | 43 | 533 | 596 | 12.6 | 48.8 | 0.26 |
| | 70 | 548 | 624 | 15.2 | 50.8 | 0.30 |

K = Kontrollfutter; U-NSP = Futter mit Erbsenschalen (unlösliche NSP); L-NSP = Futter mit Zichorienwurzelmehl (lösliche NSP); Futterverwertung = Zunahme (g/d) / Futteraufnahme (g/d)

ATab.39: Verzehrte, ausgeschiedene und retinierte Mengen an Trockenmasse (g/d) im Durchgang 5 mit *H. gallinarum*

| Gruppe | Tier | verzehrt | ausgeschieden | retiniert |
|---|---|---|---|---|
| | 194 | 43.3 | 12.0 | 31.2 |
| K | 365 | 45.8 | 12.7 | 33.1 |
| | 366 | - | - | - |
| nicht | 367 | - | - | - |
| infiziert | 370 | 46.2 | 11.0 | 35.2 |
| | 371 | 46.5 | 11.6 | 34.9 |
| | 202 | 52.7 | 15.6 | 37.1 |
| U-NSP | 207 | - | - | - |
| | 223 | 52.2 | 16.1 | 36.1 |
| nicht | 228 | 49.3 | 15.8 | 33.5 |
| infiziert | 234 | 52.7 | 15.9 | 36.8 |
| | 238 | 49.3 | 16.1 | 33.2 |
| | 81 | - | - | - |
| L-NSP | 82 | 46.5 | 11.9 | 34.6 |
| | 91 | 49.6 | 14.1 | 35.4 |
| nicht | 97 | 44.0 | 11.4 | 32.6 |
| infiziert | 147 | 43.2 | 11.3 | 32.0 |
| | 293 | 44.1 | 11.9 | 32.3 |
| | 372 | 47.8 | 10.0 | 37.8 |
| | 385 | 44.2 | 12.4 | 31.8 |
| K | 419 | 42.4 | 10.5 | 31.9 |
| | 432 | 45.6 | 11.4 | 34.2 |
| infiziert | 444 | 50.0 | 13.1 | 36.9 |
| | 681 | 48.3 | 12.1 | 36.3 |
| | 101 | 54.5 | 16.3 | 38.2 |
| | 106 | 48.4 | 14.4 | 34.0 |
| U-NSP | 123 | 52.7 | 16.1 | 36.6 |
| | 133 | 51.3 | 15.4 | 35.9 |
| infiziert | 136 | 51.5 | 14.5 | 36.9 |
| | 165 | 45.5 | 13.4 | 32.1 |
| | 22 | 44.7 | 12.3 | 32.4 |
| | 29 | 51.0 | 14.3 | 36.7 |
| L-NSP | 34 | 46.1 | 13.3 | 32.9 |
| | 40 | 51.2 | 13.9 | 37.3 |
| infiziert | 43 | 44.1 | 12.7 | 31.5 |
| | 70 | 45.9 | 12.7 | 33.2 |

K = Kontrollfutter; U-NSP = Futter mit Erbsenschalen (unlösliche NSP); L-NSP = Futter mit Zichorienwurzelmehl (lösliche NSP)

ATab.40: Verzehrte, ausgeschiedene und verdaute Mengen an Neutraler Detergentien Faser (g/d) im Durchgang 5 mit *H. gallinarum*

| Gruppe | Tier | verzehrt | ausgeschieden | verdaut |
|---|---|---|---|---|
| | 194 | 5.38 | 3.56 | 1.83 |
| K | 365 | 5.70 | 4.01 | 1.68 |
| | 366 | - | - | - |
| nicht | 367 | - | - | - |
| infiziert | 370 | 5.74 | 3.60 | 2.14 |
| | 371 | 5.79 | 3.24 | 2.54 |
| | 202 | 9.33 | 6.49 | 2.84 |
| U-NSP | 207 | - | - | - |
| | 223 | 9.23 | 6.85 | 2.39 |
| nicht | 228 | 8.72 | 6.73 | 1.99 |
| infiziert | 234 | 9.33 | 7.14 | 2.19 |
| | 238 | 8.72 | 6.66 | 2.06 |
| | 81 | - | - | - |
| L-NSP | 82 | 5.51 | 3.43 | 2.07 |
| | 91 | 5.87 | 3.72 | 2.15 |
| nicht | 97 | 5.21 | 3.44 | 1.77 |
| infiziert | 147 | 5.12 | 3.34 | 1.78 |
| | 293 | 5.23 | 3.50 | 1.73 |
| | 372 | 5.95 | 2.96 | 2.99 |
| K | 385 | 5.50 | 3.20 | 2.30 |
| | 419 | 5.27 | 3.22 | 2.05 |
| infiziert | 432 | 5.68 | 3.05 | 2.63 |
| | 444 | 6.21 | 3.44 | 2.77 |
| | 681 | 6.01 | 3.58 | 2.43 |
| | 101 | 9.65 | 6.86 | 2.79 |
| U-NSP | 106 | 8.56 | 6.05 | 2.51 |
| | 123 | 9.33 | 7.13 | 2.20 |
| infiziert | 133 | 9.07 | 6.31 | 2.76 |
| | 136 | 9.11 | 6.23 | 2.88 |
| | 165 | 8.05 | 5.87 | 2.18 |
| | 22 | 5.29 | 3.51 | 1.79 |
| L-NSP | 29 | 6.04 | 3.82 | 2.22 |
| | 34 | 5.46 | 3.44 | 2.03 |
| infiziert | 40 | 6.06 | 4.12 | 1.94 |
| | 43 | 5.23 | 3.58 | 1.65 |
| | 70 | 5.44 | 3.73 | 1.71 |

K = Kontrollfutter; U-NSP = Futter mit Erbsenschalen (unlösliche NSP); L-NSP = Futter mit Zichorienwurzelmehl (lösliche NSP); - = nicht statistisch ausgewertet

ATab.41: Verzehrte, ausgeschiedene und retinierte Mengen an Stickstoff (g/d) im Durchgang 5 mit *H. gallinarum*

| Gruppe | Tier | verzehrt | ausgeschieden | retiniert |
|---|---|---|---|---|
| K nicht infiziert | 194 | 1.42 | 0.84 | 0.58 |
| | 365 | 1.51 | 0.91 | 0.59 |
| | 366 | - | - | - |
| | 367 | - | - | - |
| | 370 | 1.52 | 0.79 | 0.72 |
| | 371 | 1.53 | 0.85 | 0.67 |
| U-NSP nicht infiziert | 202 | 1.75 | 0.68 | 1.07 |
| | 207 | - | - | - |
| | 223 | 1.73 | 0.72 | 1.01 |
| | 228 | 1.63 | 0.68 | 0.95 |
| | 234 | 1.75 | 0.73 | 1.02 |
| | 238 | 1.63 | 0.69 | 0.95 |
| L-NSP nicht infiziert | 81 | - | - | - |
| | 82 | 1.50 | 0.72 | 0.78 |
| | 91 | 1.60 | 0.81 | 0.78 |
| | 97 | 1.42 | 0.72 | 0.70 |
| | 147 | 1.39 | 0.68 | 0.71 |
| | 293 | 1.42 | 0.75 | 0.67 |
| K infiziert | 372 | 1.57 | 0.74 | 0.83 |
| | 385 | 1.45 | 0.90 | 0.55 |
| | 419 | 1.39 | 0.75 | 0.64 |
| | 432 | 1.50 | 0.85 | 0.65 |
| | 444 | 1.64 | 0.96 | 0.68 |
| | 681 | 1.59 | 0.84 | 0.75 |
| U-NSP infiziert | 101 | 1.81 | 0.69 | 1.12 |
| | 106 | 1.60 | 0.63 | 0.97 |
| | 123 | 1.75 | 0.68 | 1.07 |
| | 133 | 1.70 | 0.67 | 1.03 |
| | 136 | 1.71 | 0.66 | 1.05 |
| | 165 | 1.51 | 0.61 | 0.90 |
| L-NSP infiziert | 22 | 1.44 | 0.73 | 0.70 |
| | 29 | 1.64 | 0.86 | 0.78 |
| | 34 | 1.49 | 0.81 | 0.67 |
| | 40 | 1.65 | 0.81 | 0.84 |
| | 43 | 1.42 | 0.72 | 0.70 |
| | 70 | 1.48 | 0.73 | 0.75 |

K = Kontrollfutter; U-NSP = Futter mit Erbsenschalen (unlösliche NSP); L-NSP = Futter mit Zichorienwurzelmehl (lösliche NSP); N = Rohprotein (%) / 6.25

ATab.42: Verzehrte, ausgeschiedene und verdaute Mengen an unlöslichen NSP (g/d) im Durchgang 5 mit *H. gallinarum*

| Gruppe | Tier | verzehrt | ausgeschieden | verdaut |
|---|---|---|---|---|
| K | 194 | 4.23 | 3.97 | 0.26 |
| | 365 | 4.47 | 4.22 | 0.26 |
| | 366 | - | - | - |
| nicht | 367 | - | - | - |
| infiziert | 370 | 4.51 | 3.83 | 0.68 |
| | 371 | 4.54 | 3.75 | 0.79 |
| U-NSP | 202 | 8.75 | 7.35 | 1.40 |
| | 207 | - | - | - |
| | 223 | 8.66 | 8.08 | 0.58 |
| nicht | 228 | 8.18 | 7.61 | 0.57 |
| infiziert | 234 | 8.75 | 7.98 | 0.77 |
| | 238 | 8.18 | 7.54 | 0.64 |
| L-NSP | 81 | - | - | - |
| | 82 | 4.57 | 4.15 | 0.42 |
| | 91 | 4.87 | 4.65 | 0.22 |
| nicht | 97 | 4.32 | 4.05 | 0.27 |
| infiziert | 147 | 4.25 | 3.70 | 0.55 |
| | 293 | 4.34 | 3.90 | 0.44 |
| K | 372 | 4.67 | 3.29 | 1.38 |
| | 385 | 4.31 | 3.96 | 0.35 |
| | 419 | 4.14 | 3.55 | 0.59 |
| infiziert | 432 | 4.45 | 3.70 | 0.76 |
| | 444 | 4.88 | 4.13 | 0.74 |
| | 681 | 4.72 | 4.16 | 0.56 |
| U-NSP | 101 | 9.05 | 7.82 | 1.23 |
| | 106 | 8.03 | 7.03 | 1.00 |
| | 123 | 8.75 | 7.69 | 1.05 |
| infiziert | 133 | 8.51 | 7.23 | 1.28 |
| | 136 | 8.54 | 7.02 | 1.52 |
| | 165 | 7.55 | 6.61 | 0.94 |
| L-NSP | 22 | 4.39 | 4.01 | 0.39 |
| | 29 | 5.01 | 4.66 | 0.36 |
| | 34 | 4.53 | 4.25 | 0.28 |
| infiziert | 40 | 5.03 | 4.73 | 0.30 |
| | 43 | 4.34 | 4.04 | 0.30 |
| | 70 | 4.51 | 4.25 | 0.26 |

K = Kontrollfutter; U-NSP = Futter mit Erbsenschalen (unlösliche NSP); L-NSP = Futter mit Zichorienwurzelmehl (lösliche NSP); - = nicht statistisch ausgewertet

ATab.43: Verzehrte, ausgeschiedene und verdaute Mengen an löslichen NSP (g/d) im Durchgang 5 mit *H. gallinarum*

| Gruppe | Tier | verzehrt | ausgeschieden | verdaut |
|---|---|---|---|---|
| K | 194 | - | - | - |
| | 365 | - | - | - |
| | 366 | - | - | - |
| nicht | 367 | - | - | - |
| infiziert | 370 | 0.72 | 0.43 | 0.28 |
| | 371 | 0.72 | 0.39 | 0.33 |
| U-NSP | 202 | 0.94 | 0.62 | 0.33 |
| | 207 | - | - | - |
| | 223 | 0.93 | 0.57 | 0.36 |
| nicht | 228 | 0.88 | 0.51 | 0.37 |
| infiziert | 234 | 0.94 | 0.60 | 0.35 |
| | 238 | 0.88 | 0.69 | 0.19 |
| L-NSP | 81 | - | - | - |
| | 82 | 0.94 | 0.66 | 0.28 |
| | 91 | 1.01 | 0.84 | 0.17 |
| nicht | 97 | 0.89 | 0.60 | 0.29 |
| infiziert | 147 | 0.88 | 0.54 | 0.34 |
| | 293 | 0.90 | 0.56 | 0.34 |
| K | 372 | 0.74 | 0.34 | 0.40 |
| | 385 | 0.69 | 0.46 | 0.22 |
| | 419 | 0.66 | 0.34 | 0.32 |
| infiziert | 432 | 0.71 | 0.55 | 0.16 |
| | 444 | 0.77 | 0.54 | 0.24 |
| | 681 | 0.75 | 0.44 | 0.31 |
| U-NSP | 101 | 0.98 | 0.63 | 0.34 |
| | 106 | 0.87 | 0.50 | 0.37 |
| | 123 | 0.94 | 0.68 | 0.27 |
| infiziert | 133 | 0.92 | 0.60 | 0.32 |
| | 136 | 0.92 | 0.48 | 0.44 |
| | 165 | 0.81 | 0.49 | 0.33 |
| L-NSP | 22 | 0.91 | 0.72 | 0.19 |
| | 29 | 1.04 | 0.75 | 0.28 |
| | 34 | 0.94 | 0.69 | 0.24 |
| infiziert | 40 | 1.04 | 0.88 | 0.16 |
| | 43 | - | - | - |
| | 70 | 0.93 | 0.72 | 0.21 |

K = Kontrollfutter; U-NSP = Futter mit Erbsenschalen (unlösliche NSP); L-NSP = Futter mit Zichorienwurzelmehl (lösliche NSP); - = nicht statistisch ausgewertet

ATab.44: Verzehrte, ausgeschiedene und verdaute Mengen an Inulin (g/d) im Durchgang 5 mit *H. gallinarum*

| Gruppe | Tier | verzehrt | ausgeschieden | verdaut |
|---|---|---|---|---|
| L-NSP nicht infiziert | 81 | - | - | - |
| | 82 | 2.32 | 0.20 | 2.13 |
| | 91 | 2.48 | 0.16 | 2.31 |
| | 97 | 2.20 | 0.23 | 1.97 |
| | 147 | 2.16 | 0.17 | 1.99 |
| | 293 | 2.21 | 0.21 | 2.00 |
| L-NSP infiziert | 22 | 2.23 | 0.33 | 1.91 |
| | 29 | 2.55 | 0.43 | 2.12 |
| | 34 | 2.31 | 0.56 | 1.74 |
| | 40 | 2.56 | 0.74 | 1.82 |
| | 43 | 2.21 | 0.63 | 1.58 |
| | 70 | 2.30 | 0.63 | 1.67 |

L-NSP = Futter mit Zichorienwurzelmehl (lösliche NSP)

ATab.45: Körpergewichtsentwicklung und Futterverwertung der Tiere im Durchgang 6 mit *H. gallinarum*

| Gruppe | Tier | Anfangs-gewicht (g) | End-gewicht (g) | Zunahme (g/d) | Futter-aufnahme (g/d) | Futter-verwertung |
|---|---|---|---|---|---|---|
| K nicht infiziert | 1005 | 582 | 683 | 20.2 | 51.4 | 0.39 |
| | 1031 | 589 | 660 | 14.2 | 48.2 | 0.29 |
| | 1072 | 585 | 643 | 11.6 | 49.2 | 0.24 |
| | 1087 | 541 | 626 | 17.0 | 42.8 | 0.40 |
| | 1107 | 664 | 726 | 12.4 | 51.8 | 0.24 |
| | 1108 | 661 | 755 | 18.8 | 54.0 | 0.35 |
| U-NSP nicht infiziert | 1212 | 644 | 721 | 15.4 | 58.8 | 0.26 |
| | 1236 | 631 | 713 | 16.4 | 57.8 | 0.28 |
| | 1240 | 663 | 728 | 13.0 | 59.2 | 0.22 |
| | 1241 | 633 | 707 | 14.8 | 58.4 | 0.25 |
| | 1250 | 667 | 711 | 8.80 | 56.8 | 0.15 |
| | 1254 | 676 | 745 | 13.8 | 60.0 | 0.23 |
| L-NSP nicht infiziert | 1302 | 594 | 666 | 14.4 | 52.4 | 0.27 |
| | 1308 | 599 | 665 | 13.2 | 54.0 | 0.24 |
| | 1318 | 661 | 732 | 14.2 | 58.4 | 0.24 |
| | 1327 | 618 | 667 | 9.80 | 49.8 | 0.20 |
| | 1335 | 553 | 613 | 12.0 | 47.8 | 0.25 |
| | 1336 | 601 | 664 | 12.6 | 48.8 | 0.26 |
| K infiziert | 683 | 642 | 717 | 15.0 | 49.8 | 0.30 |
| | 688 | 593 | 643 | 10.0 | 46.8 | 0.21 |
| | 692 | 617 | 669 | 10.4 | 45.0 | 0.23 |
| | 1151 | 603 | 678 | 15.0 | 46.2 | 0.32 |
| | 1158 | 579 | 670 | 18.2 | 51.0 | 0.36 |
| | 1164 | 558 | 633 | 15.0 | 44.8 | 0.33 |
| U-NSP infiziert | 651 | 602 | 668 | 13.2 | 57.6 | 0.23 |
| | 653 | 565 | 628 | 12.6 | 49.8 | 0.25 |
| | 657 | 616 | 664 | 9.60 | 53.4 | 0.18 |
| | 660 | 612 | 678 | 13.2 | 63.4 | 0.21 |
| | 1277 | 611 | 659 | 9.60 | 49.8 | 0.19 |
| | 1296 | 685 | 743 | 11.6 | 61.6 | 0.19 |
| L-NSP infiziert | 1358 | 583 | 664 | 16.2 | 56.2 | 0.29 |
| | 1360 | 579 | 650 | 14.2 | 51.2 | 0.28 |
| | 1365 | 610 | 711 | 20.2 | 57.0 | 0.35 |
| | 1369 | 607 | 679 | 14.4 | 48.8 | 0.30 |
| | 1384 | 549 | 626 | 15.4 | 52.6 | 0.29 |
| | 1396 | 606 | 679 | 14.6 | 54.0 | 0.27 |

K = Kontrollfutter; U-NSP = Futter mit Erbsenschalen (unlösliche NSP); L-NSP = Futter mit Zichorienwurzelmehl (lösliche NSP); Futterverwertung = Zunahme (g/d) / Futteraufnahme (g/d)

ATab.46: Verzehrte, ausgeschiedene und retinierte Mengen an Trockenmasse (g/d) im Durchgang 6 mit *H. gallinarum*

| Gruppe | Tier | verzehrt | ausgeschieden | retiniert |
|---|---|---|---|---|
| K<br>nicht infiziert | 1005 | 46.3 | 10.7 | 35.6 |
| | 1031 | 43.5 | 11.2 | 32.3 |
| | 1072 | 44.4 | 11.6 | 32.8 |
| | 1087 | 38.6 | 8.66 | 29.9 |
| | 1107 | 46.7 | 11.1 | 35.6 |
| | 1108 | 48.7 | 11.5 | 37.2 |
| U-NSP<br>nicht infiziert | 1212 | 53.2 | 15.3 | 37.9 |
| | 1236 | 52.3 | 15.6 | 36.7 |
| | 1240 | 53.6 | 15.6 | 38.0 |
| | 1241 | 52.8 | 16.4 | 36.4 |
| | 1250 | 51.4 | 15.1 | 36.3 |
| | 1254 | 54.3 | 16.0 | 38.2 |
| L-NSP<br>nicht infiziert | 1302 | 47.4 | 12.6 | 34.9 |
| | 1308 | 48.9 | 13.7 | 35.1 |
| | 1318 | 52.9 | 15.4 | 37.5 |
| | 1327 | 45.1 | 11.6 | 33.5 |
| | 1335 | 43.3 | 11.4 | 31.9 |
| | 1336 | 44.2 | 12.3 | 31.9 |
| K<br>infiziert | 683 | 44.9 | 11.0 | 33.9 |
| | 688 | 42.2 | 10.6 | 31.5 |
| | 692 | 40.6 | 9.66 | 30.9 |
| | 1151 | 41.7 | 9.58 | 32.1 |
| | 1158 | - | - | - |
| | 1164 | 40.4 | 9.65 | 30.7 |
| U-NSP<br>infiziert | 651 | 52.1 | 16.0 | 36.1 |
| | 653 | 45.1 | 13.8 | 31.3 |
| | 657 | 48.3 | 14.3 | 34.0 |
| | 660 | 57.4 | 18.1 | 39.3 |
| | 1277 | 45.1 | 13.8 | 31.3 |
| | 1296 | 55.7 | 17.0 | 38.7 |
| L-NSP<br>infiziert | 1358 | 50.9 | 13.5 | 37.4 |
| | 1360 | 46.4 | 12.7 | 33.7 |
| | 1365 | 51.6 | 14.0 | 37.6 |
| | 1369 | 44.2 | 12.0 | 32.1 |
| | 1384 | 47.6 | 13.2 | 34.4 |
| | 1396 | 48.9 | 13.6 | 35.3 |

K = Kontrollfutter; U-NSP = Futter mit Erbsenschalen (unlösliche NSP); L-NSP = Futter mit Zichorienwurzelmehl (lösliche NSP)

ATab.47: Verzehrte, ausgeschiedene und verdaute Mengen an Neutraler Detergentien Faser (g/d) im Durchgang 6 mit *H. gallinarum*

| Gruppe | Tier | verzehrt | ausgeschieden | verdaut |
|---|---|---|---|---|
| K<br>nicht infiziert | 1005 | 5.60 | 3.08 | 2.53 |
| | 1031 | 5.26 | 3.28 | 1.98 |
| | 1072 | 5.36 | 2.72 | 2.64 |
| | 1087 | 4.67 | 2.52 | 2.15 |
| | 1107 | 5.65 | 3.16 | 2.49 |
| | 1108 | 5.89 | 3.47 | 2.42 |
| U-NSP<br>nicht infiziert | 1212 | 10.1 | 6.85 | 3.24 |
| | 1236 | 9.91 | 6.66 | 3.25 |
| | 1240 | 10.2 | 6.54 | 3.61 |
| | 1241 | 10.0 | 6.61 | 3.40 |
| | 1250 | 9.74 | 6.18 | 3.56 |
| | 1254 | 10.3 | 6.65 | 3.64 |
| L-NSP<br>nicht infiziert | 1302 | 5.57 | 4.04 | 1.54 |
| | 1308 | 5.74 | 3.79 | 1.95 |
| | 1318 | 6.21 | 4.47 | 1.75 |
| | 1327 | 5.30 | 3.22 | 2.07 |
| | 1335 | 5.08 | 3.57 | 1.51 |
| | 1336 | 5.19 | 3.72 | 1.47 |
| K<br>infiziert | 683 | 5.43 | 3.32 | 2.11 |
| | 688 | 5.10 | 2.95 | 2.15 |
| | 692 | 4.91 | 2.92 | 1.98 |
| | 1151 | 5.04 | 2.70 | 2.34 |
| | 1158 | - | - | - |
| | 1164 | 4.89 | 2.83 | 2.05 |
| U-NSP<br>infiziert | 651 | 9.88 | 6.73 | 3.14 |
| | 653 | 8.54 | 5.81 | 2.73 |
| | 657 | 9.16 | 5.92 | 3.24 |
| | 660 | 10.9 | 7.03 | 3.84 |
| | 1277 | 8.54 | 5.78 | 2.76 |
| | 1296 | 10.6 | 7.08 | 3.49 |
| L-NSP<br>infiziert | 1358 | - | - | - |
| | 1360 | 5.45 | 3.71 | 1.74 |
| | 1365 | 6.06 | 3.77 | 2.29 |
| | 1369 | 5.19 | 3.41 | 1.79 |
| | 1384 | 5.60 | 3.89 | 1.71 |
| | 1396 | 5.74 | 3.68 | 2.06 |

K = Kontrollfutter; U-NSP = Futter mit Erbsenschalen (unlösliche NSP); L-NSP = Futter mit Zichorienwurzelmehl (lösliche NSP); - = nicht statistisch ausgewertet

ATab.48: Verzehrte, ausgeschiedene und retinierte Mengen an Stickstoff (g/d) im Durchgang 6 mit *H. gallinarum*

| Gruppe | Tier | verzehrt | ausgeschieden | retiniert |
|---|---|---|---|---|
| K<br>nicht infiziert | 1005 | 1.53 | 0.79 | 0.74 |
| | 1031 | 1.43 | 0.81 | 0.62 |
| | 1072 | 1.46 | 0.86 | 0.60 |
| | 1087 | 1.27 | 0.65 | 0.62 |
| | 1107 | 1.54 | 0.81 | 0.73 |
| | 1108 | 1.61 | 0.86 | 0.75 |
| U-NSP<br>nicht infiziert | 1212 | 1.35 | 0.71 | 0.64 |
| | 1236 | 1.32 | 0.74 | 0.58 |
| | 1240 | 1.35 | 0.70 | 0.65 |
| | 1241 | 1.34 | 0.74 | 0.60 |
| | 1250 | 1.30 | 0.69 | 0.61 |
| | 1254 | 1.37 | 0.73 | 0.64 |
| L-NSP<br>nicht infiziert | 1302 | 1.45 | 0.80 | 0.64 |
| | 1308 | 1.49 | 0.80 | 0.69 |
| | 1318 | 1.61 | 0.97 | 0.65 |
| | 1327 | 1.37 | 0.79 | 0.59 |
| | 1335 | 1.32 | 0.74 | 0.58 |
| | 1336 | 1.35 | 0.78 | 0.57 |
| K<br>infiziert | 683 | 1.48 | 0.81 | 0.67 |
| | 688 | 1.39 | 0.75 | 0.64 |
| | 692 | 1.34 | 0.72 | 0.62 |
| | 1151 | 1.37 | 0.71 | 0.66 |
| | 1158 | - | - | - |
| | 1164 | 1.33 | 0.72 | 0.61 |
| U-NSP<br>infiziert | 651 | 1.32 | 0.75 | 0.57 |
| | 653 | 1.14 | 0.64 | 0.50 |
| | 657 | 1.22 | 0.66 | 0.56 |
| | 660 | 1.45 | 0.78 | 0.67 |
| | 1277 | 1.14 | 0.65 | 0.49 |
| | 1296 | 1.41 | 0.75 | 0.66 |
| L-NSP<br>infiziert | 1358 | 1.55 | 0.85 | 0.71 |
| | 1360 | 1.41 | 0.79 | 0.62 |
| | 1365 | 1.57 | 0.80 | 0.77 |
| | 1369 | 1.35 | 0.72 | 0.63 |
| | 1384 | 1.45 | 0.81 | 0.64 |
| | 1396 | 1.49 | 0.83 | 0.66 |

K = Kontrollfutter; U-NSP = Futter mit Erbsenschalen (unlösliche NSP); L-NSP = Futter mit Zichorienwurzelmehl (lösliche NSP); N = Rohprotein (%) / 6.25; - = nicht statistisch ausgewertet

ATab.49: Verzehrte, ausgeschiedene und verdaute Mengen an Inulin (g/d) im Durchgang 6 mit *H. gallinarum*

| Gruppe | Tier | verzehrt | ausgeschieden | verdaut |
|---|---|---|---|---|
| L-NSP nicht infiziert | 1302 | 2.37 | 0.46 | 1.91 |
| | 1308 | 2.44 | 0.23 | 2.21 |
| | 1318 | 2.64 | 0.18 | 2.46 |
| | 1327 | 2.25 | 0.23 | 2.02 |
| | 1335 | 2.16 | 0.18 | 1.98 |
| | 1336 | 2.21 | 0.23 | 1.98 |
| L-NSP infiziert | 1358 | 2.54 | 0.37 | 2.18 |
| | 1360 | 2.32 | 0.39 | 1.93 |
| | 1365 | 2.58 | 0.60 | 1.98 |
| | 1369 | 2.21 | 0.66 | 1.55 |
| | 1384 | 2.38 | 0.66 | 1.72 |
| | 1396 | 2.44 | 0.68 | 1.76 |

L-NSP = Futter mit Zichorienwurzelmehl (lösliche NSP)

## 9.4 Daten zur Indikatormethode

ATab.50: p-Werte für Einflüsse des Levels und von Interaktionen auf die Titandioxid bezogenen Gehalte an unlöslichen NSP und löslichen NSP sowie Inulin im Versuchsdurchgang mit *A. galli*

| Parameter | Level | Futtermischung *Level | Infektion *Level | Futtermischung *Infektion* Level |
|---|---|---|---|---|
| unlösliche NSP/ Titandioxid (N = 62) | 0.230 | 0.125 | 0.025 | 0.777 |
| lösliche NSP/ Titandioxid (N = 62) | <.001 | 0.795 | 0.079 | 0.789 |
| Inulin/ Titandioxid (N = 34) | <.001 | - | 0.049 | - |

Level = Dünndarmdigesta zu Exkremente; - = nicht analysiert

ATab.51: Gehalte des Futter, der Dünndarmdigesta und der Exkremente an Titandioxid (% in T) im Versuchsdurchgang 1 mit *A. galli*

| Gruppe | gepoolte Tiere | Futter | Dünndarmdigesta | Exkremente |
|---|---|---|---|---|
| K | 7+13 | 1.09 | 3.65 | 4.52 |
| nicht | 9+16 | 1.09 | 3.54 | 4.10 |
| infiziert | 37+51 | 1.09 | 3.56 | 4.06 |
| U-NSP | 102+107 | 1.19 | 2.88 | 3.50 |
| nicht | 135+158 | 1.19 | 2.61 | 3.44 |
| infiziert | 132+144 | 1.19 | 2.61 | 3.44 |
| L-NSP | 222+224 | 1.12 | 3.07 | 3.93 |
| nicht | 202+205 | 1.12 | 3.02 | 3.81 |
| infiziert | 211+255 | 1.12 | 2.89 | 3.80 |
| K infiziert | 69+94 | 1.09 | 3.41 | 3.87 |
| | 61+65 | 1.09 | 3.48 | 4.48 |
| | 70+317 | 1.09 | 4.01 | 4.08 |
| U-NSP infiziert | 166+199 | 1.19 | 2.76 | 3.50 |
| | 174+181 | 1.19 | 2.17 | 3.31 |
| | 160+161 | 1.19 | 2.23 | 3.33 |
| L-NSP infiziert | 272+351 | 1.12 | 3.38 | 3.84 |
| | 298+301 | 1.12 | 3.19 | 3.64 |
| | 281+344 | 1.12 | 2.92 | 3.67 |

K = Kontrollfutter; U-NSP = Futter mit Erbsenschalen (unlösliche NSP); L-NSP = Futter mit Zichorienwurzelmehl (lösliche NSP)

ATab.52: Gehalte des Futter, der Dünndarmdigesta und der Exkremente an unlöslichen NSP (% in T) im Versuchsdurchgang 1 mit *A. galli*

| Gruppe | gepoolte Tiere | Futter | Dünndarmdigesta | Exkremente |
|---|---|---|---|---|
| K | 7+13 | 10.8 | 34.8 | 27.0 |
| nicht | 9+16 | 10.8 | 34.5 | 26.6 |
| infiziert | 37+51 | 10.8 | 34.4 | 24.7 |
| U-NSP | 102+107 | 17.8 | 44.4 | 50.5 |
| nicht | 135+158 | 17.8 | 43.1 | 49.8 |
| infiziert | 132+144 | 17.8 | 43.0 | 49.8 |
| L-NSP | 222+224 | 10.8 | 29.7 | 35.4 |
| nicht | 202+205 | 10.8 | 28.6 | 34.6 |
| infiziert | 211+255 | 10.8 | 29.9 | 34.2 |
| K infiziert | 69+94 | 10.8 | 34.7 | 24.6 |
| | 61+65 | 10.8 | 34.0 | 26.2 |
| | 70+317 | 10.8 | 34.2 | 25.0 |
| U-NSP infiziert | 166+199 | 17.8 | 42.8 | 50.2 |
| | 174+181 | 17.8 | 43.3 | 49.8 |
| | 160+161 | 17.8 | 43.9 | 50.8 |
| L-NSP infiziert | 272+351 | 10.8 | 30.8 | 35.8 |
| | 298+301 | 10.8 | 31.1 | 34.8 |
| | 281+344 | 10.8 | 31.4 | 34.6 |

K = Kontrollfutter; U-NSP = Futter mit Erbsenschalen (unlösliche NSP); L-NSP = Futter mit Zichorienwurzelmehl (lösliche NSP)

ATab.53: Gehalte des Futter, der Dünndarmdigesta und der Exkremente an löslichen NSP (% in T) im Versuchsdurchgang 1 mit *A. galli*

| Gruppe | gepoolte Tiere | Futter | Dünndarmdigesta | Exkremente |
|---|---|---|---|---|
| K | 7+13 | 2.24 | 7.66 | 4.32 |
| nicht | 9+16 | 2.24 | 8.66 | 4.94 |
| infiziert | 37+51 | 2.24 | 7.90 | 4.07 |
| U-NSP | 102+107 | 2.77 | 7.61 | 3.73 |
| nicht | 135+158 | 2.77 | 7.25 | 4.29 |
| infiziert | 132+144 | 2.77 | 7.32 | 4.17 |
| L-NSP | 222+224 | 2.99 | 6.99 | 5.03 |
| nicht | 202+205 | 2.99 | 7.73 | 5.38 |
| infiziert | 211+255 | 2.99 | 7.31 | 5.96 |
| K infiziert | 69+94 | 2.24 | 9.01 | 5.04 |
| | 61+65 | 2.24 | 9.27 | 4.87 |
| | 70+317 | 2.24 | 8.68 | 5.06 |
| U-NSP infiziert | 166+199 | 2.77 | 7.52 | 4.78 |
| | 174+181 | 2.77 | 8.03 | 4.34 |
| | 160+161 | 2.77 | 8.17 | 5.18 |
| L-NSP infiziert | 272+351 | 2.99 | 6.89 | 5.87 |
| | 298+301 | 2.99 | 6.25 | 5.79 |
| | 281+344 | 2.99 | 7.44 | 5.57 |

K = Kontrollfutter; U-NSP = Futter mit Erbsenschalen (unlösliche NSP); L-NSP = Futter mit Zichorienwurzelmehl (lösliche NSP)

ATab.54: Gehalte des Futter, der Dünndarmdigesta und der Exkremente an Inulin (% in T) im Versuchsdurchgang 1 mit *A. galli*

| Gruppe | gepoolte Tiere | Futter | Dünndarmdigesta | Exkremente |
|---|---|---|---|---|
| L-NSP | 222+224 | 5.30 | 7.55 | 0.5 |
| nicht | 202+205 | 5.30 | 7.64 | 1.9 |
| infiziert | 211+255 | 5.30 | 7.18 | 0.9 |
| L-NSP infiziert | 272+351 | 5.30 | 6.92 | 1.7 |
| | 298+301 | 5.30 | 6.80 | 1.6 |
| | 281+344 | 5.30 | 8.14 | 2.4 |

L-NSP = Futter mit Zichorienwurzelmehl (lösliche NSP)

ATab.55: Mengen (g in T) an Dünndarmdigesta, Titandioxid, unlöslichen NSP, löslichen NSP und Inulin in den Dünndarmdigesta im Versuchsdurchgang 1 mit *A. galli*

| Gruppe | gepoolte Tiere | Dünndarmdigesta | Titandioxid | unlösliche NSP | lösliche NSP | Inulin |
|---|---|---|---|---|---|---|
| K | 7+13 | 2,76 | 0.10 | 0.96 | 0.21 | - |
| nicht | 9+16 | 2,89 | 0.10 | 1.00 | 0.25 | - |
| infiziert | 37+51 | 2,97 | 0.11 | 1.02 | 0.23 | - |
| U-NSP | 102+107 | 4,48 | 0.13 | 1.99 | 0.34 | - |
| nicht | 135+158 | 4,28 | 0.11 | 1.84 | 0.31 | - |
| infiziert | 132+144 | 4,37 | 0.11 | 1.88 | 0.32 | - |
| L-NSP | 222+224 | 3,61 | 0.11 | 1.07 | 0.25 | 0.27 |
| nicht | 202+205 | 3,72 | 0.11 | 1.06 | 0.29 | 0.28 |
| infiziert | 211+255 | 3,61 | 0.10 | 1.08 | 0.26 | 0.26 |
| K infiziert | 69+94 | 2,79 | 0.10 | 0.97 | 0.25 | - |
| | 61+65 | 2,73 | 0.09 | 0.93 | 0.25 | - |
| | 70+317 | 2,69 | 0.11 | 0.92 | 0.23 | - |
| U-NSP infiziert | 166+199 | 3,49 | 0.10 | 1.49 | 0.26 | - |
| | 174+181 | 3,38 | 0.07 | 1.46 | 0.27 | - |
| | 160+161 | 3,41 | 0.08 | 1.50 | 0.28 | - |
| L-NSP infiziert | 272+351 | 2,59 | 0.09 | 0.80 | 0.18 | 0.18 |
| | 298+301 | 2,57 | 0.08 | 0.80 | 0.16 | 0.17 |
| | 281+344 | 2,62 | 0.08 | 0.82 | 0.19 | 0.21 |

K = Kontrollfutter; U-NSP = Futter mit Erbsenschalen (unlösliche NSP); L-NSP = Futter mit Zichorienwurzelmehl (lösliche NSP); - = nicht analysiert

ATab.56: Gehalte des Futter, der Dünndarmdigesta und der Exkremente an Titandioxid (% in T) im Versuchsdurchgang 2 mit *A. galli*

| Gruppe | gepoolte Tiere | Futter | Dünndarmdigesta | Exkremente |
|---|---|---|---|---|
| K nicht infiziert | 732+733+736+ 739+743+746 | 1.07 | 3.58 | 4.20 |
| U-NSP nicht infiziert | 806+821+852 | 1.06 | 2.70 | 3.36 |
| | 804+818+851 | 1.06 | 2.70 | 3.35 |
| L-NSP nicht infiziert | 919+920+932 | 1.06 | 3.00 | 4.09 |
| | 909+935+945 | 1.06 | 3.00 | 3.86 |
| K infiziert | 762+769+796 | 1.07 | 3.63 | 4.40 |
| | 759+775+778 | 1.07 | 3.63 | 4.35 |
| U-NSP infiziert | 873+904 | 1.06 | 2.39 | 3.30 |
| | 881+894 | 1.06 | 2.39 | 3.63 |
| | 864+870 | 1.06 | 2.39 | 3.50 |
| L-NSP infiziert | 966+999 | 1.06 | 3.16 | 3.97 |
| | 998+1007 | 1.06 | 3.16 | 3.62 |
| | 960+984 | 1.06 | 3.16 | 2.90 |

K = Kontrollfutter; U-NSP = Futter mit Erbsenschalen (unlösliche NSP); L-NSP = Futter mit Zichorienwurzelmehl (lösliche NSP)

ATab.57: Gehalte des Futter, der Dünndarmdigesta und der Exkremente an unlöslichen NSP (% in T) im Versuchsdurchgang 2 mit *A. galli*

| Gruppe | gepoolte Tiere | Futter | Dünndarmdigesta | Exkremente |
|---|---|---|---|---|
| K nicht infiziert | 732+733+736+739+743+746 | 10.5 | 35.5 | 36.7 |
| U-NSP nicht infiziert | 806+821+852 | 17.8 | 42.9 | 49.6 |
| | 804+818+851 | 17.8 | 42.7 | 50.2 |
| L-NSP nicht infiziert | 919+920+932 | 10.2 | 32.4 | 35.4 |
| | 909+935+945 | 10.2 | 33.0 | 35.6 |
| K infiziert | 762+769+796 | 10.5 | 27.1 | 38.2 |
| | 759+775+778 | 10.5 | 27.3 | 38.6 |
| U-NSP infiziert | 873+904 | 17.8 | 19.3 | 49.2 |
| | 881+894 | 17.8 | 19.6 | 50.9 |
| | 864+870 | 17.8 | 20.6 | 50.1 |
| L-NSP infiziert | 966+999 | 10.2 | 19.7 | 35.8 |
| | 998+1007 | 10.2 | 19.8 | 35.9 |
| | 960+984 | 10.2 | 19.4 | 36.1 |

K = Kontrollfutter; U-NSP = Futter mit Erbsenschalen (unlösliche NSP); L-NSP = Futter mit Zichorienwurzelmehl (lösliche NSP)

ATab.58: Gehalte des Futter, der Dünndarmdigesta und der Exkremente an löslichen NSP (% in T) im Versuchsdurchgang 2 mit *A. galli*

| Gruppe | gepoolte Tiere | Futter | Dünndarmdigesta | Exkremente |
|---|---|---|---|---|
| K nicht infiziert | 732+733+736+739+743+746 | 2.28 | 3.74 | 4.78 |
| U-NSP nicht infiziert | 806+821+852 | 2.76 | 4.31 | 4.74 |
| | 804+818+851 | 2.76 | 3.81 | 4.87 |
| L-NSP nicht infiziert | 919+920+932 | 2.88 | 6.69 | 5.83 |
| | 909+935+945 | 2.88 | 7.26 | 6.23 |
| K infiziert | 762+769+796 | 2.28 | 2.27 | 5.64 |
| | 759+775+778 | 2.28 | 2.16 | 5.53 |
| U-NSP infiziert | 873+904 | 2.76 | 2.00 | 5.67 |
| | 881+894 | 2.76 | 1.60 | 4.75 |
| | 864+870 | 2.76 | 1.63 | 4.95 |
| L-NSP infiziert | 966+999 | 2.88 | 5.14 | 6.63 |
| | 998+1007 | 2.88 | 4.89 | 6.40 |
| | 960+984 | 2.88 | 4.55 | 5.74 |

K = Kontrollfutter; U-NSP = Futter mit Erbsenschalen (unlösliche NSP); L-NSP = Futter mit Zichorienwurzelmehl (lösliche NSP)

ATab.59: Gehalte des Futter, der Dünndarmdigesta und der Exkremente an Inulin (% in T) im Versuchsdurchgang 2 mit *A. galli*

| Gruppe | gepoolte Tiere | Futter | Dünndarmdigesta | Exkremente |
|---|---|---|---|---|
| L-NSP | 919+920+932 | 5.30 | 8.07 | 4.41 |
| nicht infiziert | 909+935+945 | 5.30 | 7.36 | 4.41 |
| L-NSP | 966+999 | 5.30 | 6.89 | 5.03 |
| infiziert | 998+1007 | 5.30 | 7.33 | 4.44 |
| | 960+984 | 5.30 | 7.13 | 3.36 |

L-NSP = Futter mit Zichorienwurzelmehl (lösliche NSP)

ATab.60: Mengen (g in T) an Dünndarmdigesta, Titandioxid, unlöslichen NSP, löslichen NSP und Inulin in den Dünndarmdigesta im Versuchsdurchgang 2 mit *A. galli*

| Gruppe | gepoolte Tiere | Dünndarm-digesta | Titandioxid | unlösliche NSP | lösliche NSP | Inulin |
|---|---|---|---|---|---|---|
| K nicht infiziert | 732+733+736+ 739+743+746 | 2.13 | 0.08 | 0.75 | 0.08 | - |
| U-NSP | 806+821+852 | 1.63 | 0.04 | 0.70 | 0.07 | - |
| nicht infiziert | 804+818+851 | 1.69 | 0.05 | 0.72 | 0.06 | - |
| L-NSP | 919+920+932 | 2.64 | 0.08 | 0.86 | 0.18 | 0.21 |
| nicht infiziert | 909+935+945 | 2.81 | 0.08 | 0.93 | 0.20 | 0.21 |
| K | 762+769+796 | 2.17 | 0.08 | 0.59 | 0.05 | - |
| infiziert | 759+775+778 | 2.22 | 0.08 | 0.60 | 0.05 | - |
| U-NSP | 873+904 | 1.52 | 0.04 | 0.29 | 0.03 | - |
| infiziert | 881+894 | 1.89 | 0.05 | 0.37 | 0.03 | - |
| | 864+870 | 1.89 | 0.05 | 0.39 | 0.03 | - |
| L-NSP | 966+999 | 3.37 | 0.11 | 0.66 | 0.17 | 0.23 |
| infiziert | 998+1007 | 2.16 | 0.07 | 0.43 | 0.11 | 0.16 |
| | 960+984 | 2.21 | 0.07 | 0.43 | 0.10 | 0.16 |

K = Kontrollfutter; U-NSP = Futter mit Erbsenschalen (unlösliche NSP); L-NSP = Futter mit Zichorienwurzelmehl (lösliche NSP); - = nicht analysiert

ATab.61: Gehalte des Futter, der Dünndarmdigesta und der Exkremente an Titandioxid (% in T) im Versuchsdurchgang 3 mit *A. galli*

| Gruppe | gepoolte Tiere | Futter | Dünndarmdigesta | Exkremente |
|---|---|---|---|---|
| L-NSP | 1073+1112 | 1.21 | 2.71 | 4.13 |
| nicht | 1104+1114 | 1.21 | 2.87 | 4.18 |
| infiziert | 1115+1117 | 1.21 | 3.00 | 3.92 |
| L-NSP | 1130+1134 | 1.21 | 2.13 | 3.57 |
| infiziert | 1122+1170 | 1.21 | 2.18 | 4.03 |
| | 1129+1158 | 1.21 | 1.96 | 3.99 |

L-NSP = Futter mit Zichorienwurzelmehl (lösliche NSP)

ATab.62: Gehalte des Futter, der Dünndarmdigesta und der Exkremente an Inulin (% in T) im Versuchsdurchgang 3 mit *A. galli*

| Gruppe | gepoolte Tiere | Futter | Dünndarmdigesta | Exkremente |
|---|---|---|---|---|
| L-NSP | 1073+1112 | 5.30 | 9.33 | 2.49 |
| nicht | 1104+1114 | 5.30 | 7.79 | 2.74 |
| infiziert | 1115+1117 | 5.30 | 7.73 | 3.93 |
| L-NSP infiziert | 1130+1134 | 5.30 | 5.93 | 5.88 |
| | 1122+1170 | 5.30 | 6.67 | 3.22 |
| | 1129+1158 | 5.30 | 5.94 | 3.49 |

L-NSP = Futter mit Zichorienwurzelmehl (lösliche NSP)

ATab.63: Mengen (g in T) an Dünndarmdigesta, Titandioxid und Inulin in den Dünndarmdigesta im Versuchsdurchgang 3 mit *A. galli*

| Gruppe | gepoolte Tiere | Dünndarmdigesta | Titandioxid | Inulin |
|---|---|---|---|---|
| K | 741+747 | 3.44 | 0.13 | - |
| nicht | 721+746 | 3.28 | 0.12 | - |
| infiziert | 732+761 | 3.21 | 0.13 | - |
| U-NSP | 904+959 | 4.69 | 0.12 | - |
| nicht | 903+953 | 4.76 | 0.12 | - |
| infiziert | 923+940 | 4.27 | 0.13 | . |
| L-NSP | 1073+1112 | 4.22 | 0.11 | 0.39 |
| nicht | 1104+1114 | 4.45 | 0.13 | 0.35 |
| infiziert | 1115+1117 | 4.46 | 0.13 | 0.34 |
| K infiziert | 780+818 | 4.77 | 0.12 | - |
| | 833+841 | 4.47 | 0.13 | - |
| | 799+843 | 4.22 | 0.12 | - |
| U-NSP infiziert | 984+1024 | 5.82 | 0.12 | - |
| | 1032+1049 | 5.75 | 0.12 | - |
| | 1043+1060 | 5.79 | 0.13 | - |
| L-NSP infiziert | 1130+1134 | 6.26 | 0.13 | 0.37 |
| | 1122+1170 | 6.01 | 0.13 | 0.40 |
| | 1129+1158 | 5.93 | 0.12 | 0.35 |

K = Kontrollfutter; U-NSP = Futter mit Erbsenschalen (unlösliche NSP); L-NSP = Futter mit Zichorienwurzelmehl (lösliche NSP); - = nicht analysiert

ATab.64: p-Werte für Einflüsse des Levels und von Interaktionen auf die Titandioxid bezogenen Gehalte an unlöslichen NSP und löslichen NSP sowie Inulin im Versuchsdurchgang mit *H. gallinarum*

| Parameter | Level | Futtermischung *Level | Infektion *Level | Futtermischung *Infektion* Level |
|---|---|---|---|---|
| unlösliche NSP/ Titandioxid (N = 72) | 0.946 | <.001 | 0.150 | 0.003 |
| lösliche NSP/ Titandioxid (N = 72) | <.001 | 0.386 | 0.014 | 0.674 |
| Inulin/ Titandioxid (N = 36) | <.001 | - | 0.737 | - |

Level = Dünndarmdigesta zu Exkremente; - = nicht analysiert

ATab.65: Gehalte des Futter, der Dünndarmdigesta und der Exkremente an Titandioxid (% in T) im Versuchsdurchgang 4 mit *H. gallinarum*

| Gruppe | gepoolte Tiere | Futter | Dünndarmdigesta | Exkremente |
|---|---|---|---|---|
| K | 732+793 | 1.02 | 2.18 | 4.23 |
| nicht | 743+746 | 1.02 | 2.18 | 4.48 |
| infiziert | 747+769 | 1.02 | 2.18 | 4.25 |
| U-NSP | 1096+1104 | 1.07 | 2.18 | 3.38 |
| nicht | 1063+1073 | 1.07 | 2.18 | 3.20 |
| infiziert | 1049+1057 | 1.07 | 2.18 | 3.40 |
| L-NSP | 1421+1426 | 1.06 | 2.14 | 3.54 |
| nicht | 1440+1480 | 1.06 | 2.14 | 3.52 |
| infiziert | 1431+1448 | 1.06 | 2.14 | 3.49 |
| K infiziert | 851+1032 | 1.02 | 2.36 | 4.00 |
| | 959+1022 | 1.02 | 2.36 | 3.78 |
| | 881+1020 | 1.02 | 2.36 | 3.81 |
| U-NSP infiziert | 1136+1137 | 1.07 | 2.32 | 3.14 |
| | 1166+1190 | 1.07 | 2.32 | 2.89 |
| | 1146+1405 | 1.07 | 2.32 | 2.93 |
| L-NSP infiziert | 1203+1238 | 1.06 | 1.94 | 3.58 |
| | 1218+1241 | 1.06 | 1.94 | 4.07 |
| | 1254+1497 | 1.06 | 1.94 | 3.98 |

K = Kontrollfutter; U-NSP = Futter mit Erbsenschalen (unlösliche NSP); L-NSP = Futter mit Zichorienwurzelmehl (lösliche NSP)

ATab.66: Gehalte des Futter, der Dünndarmdigesta und der Exkremente an unlöslichen NSP (% in T) im Versuchsdurchgang 4 mit *H. gallinarum*

| Gruppe | gepoolte Tiere | Futter | Dünndarmdigesta | Exkremente |
|---|---|---|---|---|
| K | 732+793 | 11.0 | 22.8 | 37.4 |
| nicht | 743+746 | 11.0 | 21.9 | 36.1 |
| infiziert | 747+769 | 11.0 | 20.8 | 35.7 |
| U-NSP | 1096+1104 | 17.9 | 31.3 | 51.6 |
| nicht | 1063+1073 | 17.9 | 29.9 | 51.1 |
| infiziert | 1049+1057 | 17.9 | 30.0 | 51.9 |
| L-NSP | 1421+1426 | 11.1 | 21.5 | 33.5 |
| nicht | 1440+1480 | 11.1 | 20.4 | 34.0 |
| infiziert | 1431+1448 | 11.1 | 20.1 | 32.5 |
| K infiziert | 851+1032 | 11.0 | 31.3 | 39.5 |
| | 959+1022 | 11.0 | 31.2 | 38.1 |
| | 881+1020 | 11.0 | 30.2 | 37.9 |
| U-NSP infiziert | 1136+1137 | 17.9 | 20.3 | 50.5 |
| | 1166+1190 | 17.9 | 19.9 | 52.2 |
| | 1146+1405 | 17.9 | 20.8 | 52.1 |
| L-NSP infiziert | 1203+1238 | 11.1 | 16.6 | 37.5 |
| | 1218+1241 | 11.1 | 17.6 | 38.0 |
| | 1254+1497 | 11.1 | 17.7 | 36.1 |

K = Kontrollfutter; U-NSP = Futter mit Erbsenschalen (unlösliche NSP); L-NSP = Futter mit Zichorienwurzelmehl (lösliche NSP)

ATab.67: Gehalte des Futter, der Dünndarmdigesta und der Exkremente an löslichen NSP (% in T) im Versuchsdurchgang 4 mit *H. gallinarum*

| Gruppe | gepoolte Tiere | Futter | Dünndarmdigesta | Exkremente |
|---|---|---|---|---|
| K | 732+793 | 2.26 | 6.73 | 5.10 |
| nicht | 743+746 | 2.26 | 5.11 | 5.62 |
| infiziert | 747+769 | 2.26 | 5.71 | 5.38 |
| U-NSP | 1096+1104 | 2.73 | 5.65 | 5.06 |
| nicht | 1063+1073 | 2.73 | 4.59 | 4.48 |
| infiziert | 1049+1057 | 2.73 | 5.56 | 4.42 |
| L-NSP | 1421+1426 | 2.96 | 5.13 | 7.50 |
| nicht | 1440+1480 | 2.96 | 5.85 | 6.96 |
| infiziert | 1431+1448 | 2.96 | 5.45 | 6.78 |
| K infiziert | 851+1032 | 2.26 | 2.18 | 4.03 |
| | 959+1022 | 2.26 | 2.24 | 3.98 |
| | 881+1020 | 2.26 | 2.59 | 4.44 |
| U-NSP infiziert | 1136+1137 | 2.73 | 2.10 | 2.65 |
| | 1166+1190 | 2.73 | 1.82 | 2.85 |
| | 1146+1405 | 2.73 | 2.37 | 2.94 |
| L-NSP infiziert | 1203+1238 | 2.96 | 1.95 | 4.89 |
| | 1218+1241 | 2.96 | 2.14 | 4.75 |
| | 1254+1497 | 2.96 | 2.05 | 4.50 |

K = Kontrollfutter; U-NSP = Futter mit Erbsenschalen (unlösliche NSP); L-NSP = Futter mit Zichorienwurzelmehl (lösliche NSP)

ATab.68: Gehalte des Futter, der Dünndarmdigesta und der Exkremente an Inulin (% in T) im Versuchsdurchgang 4 mit *H. gallinarum*

| Gruppe | gepoolte Tiere | Futter | Dünndarmdigesta | Exkremente |
|---|---|---|---|---|
| L-NSP | 1421+1426 | 5.00 | 6.31 | 5.66 |
| nicht | 1440+1480 | 5.00 | 6.35 | 4.24 |
| infiziert | 1431+1448 | 5.00 | 6.19 | 5.32 |
| L-NSP infiziert | 1203+1238 | 5.00 | 5.52 | 4.09 |
| | 1218+1241 | 5.00 | 6.44 | 2.95 |
| | 1254+1497 | 5.00 | 6.20 | 4.31 |

L-NSP = Futter mit Zichorienwurzelmehl (lösliche NSP)

ATab.69: Mengen (g in T) an Dünndarmdigesta, Titandioxid, unlöslichen NSP, löslichen NSP und Inulin in den Dünndarmdigesta im Versuchsdurchgang 4 mit *H. gallinarum*

| Gruppe | gepoolte Tiere | Dünndarm digesta | Titandioxid | unlösliche NSP | lösliche NSP | Inulin |
|---|---|---|---|---|---|---|
| K | 732+793 | 3.16 | 0.07 | 0.72 | 0.21 | - |
| nicht | 743+746 | 3.03 | 0.07 | 0.66 | 0.15 | - |
| infiziert | 747+769 | 2.66 | 0.06 | 0.55 | 0.15 | - |
| U-NSP | 1096+1104 | 4.87 | 0.11 | 1.53 | 0.28 | - |
| nicht | 1063+1073 | 4.30 | 0.09 | 1.29 | 0.20 | - |
| infiziert | 1049+1057 | 5.25 | 0.11 | 1.57 | 0.29 | - |
| L-NSP | 1421+1426 | 4.30 | 0.09 | 0.93 | 0.22 | 0.27 |
| nicht | 1440+1480 | 4.67 | 0.10 | 0.95 | 0.27 | 0.30 |
| infiziert | 1431+1448 | 4.31 | 0.09 | 0.87 | 0.24 | 0.27 |
| K | 851+1032 | 2.54 | 0.06 | 0.79 | 0.06 | - |
| infiziert | 959+1022 | 2.57 | 0.06 | 0.80 | 0.06 | - |
| | 881+1020 | 2.50 | 0.06 | 0.76 | 0.06 | - |
| U-NSP | 1136+1137 | 2.25 | 0.05 | 0.46 | 0.05 | - |
| infiziert | 1166+1190 | 2.18 | 0.05 | 0.43 | 0.04 | - |
| | 1146+1405 | 1.94 | 0.05 | 0.40 | 0.05 | - |
| L-NSP | 1203+1238 | 4.44 | 0.09 | 0.74 | 0.09 | 0.25 |
| infiziert | 1218+1241 | 2.06 | 0.04 | 0.36 | 0.04 | 0.13 |
| | 1254+1497 | 2.10 | 0.04 | 0.37 | 0.04 | 0.13 |

K = Kontrollfutter; U-NSP = Futter mit Erbsenschalen (unlösliche NSP); L-NSP = Futter mit Zichorienwurzelmehl (lösliche NSP); - = nicht analysiert

ATab.70: Gehalte des Futter, der Dünndarmdigesta und der Exkremente an Titandioxid (% in T) im Versuchsdurchgang 5 mit *H. gallinarum*

| Gruppe | gepoolte Tiere | Futter | Dünndarmdigesta | Exkremente |
|---|---|---|---|---|
| K | 365+366 | 1.12 | 2.37 | 4.22 |
| nicht | 194+367 | 1.12 | 2.36 | 4.37 |
| infiziert | 370+371 | 1.12 | 1.80 | 4.70 |
| U-NSP | 228+234 | 1.15 | 2.00 | 3.51 |
| nicht | 207+238 | 1.15 | 2.37 | 4.20 |
| infiziert | 202+223 | 1.15 | 2.18 | 4.29 |
| L-NSP | 82+97 | 1.09 | 2.22 | 4.30 |
| nicht | 147+293 | 1.09 | 2.16 | 4.16 |
| infiziert | 81+91 | 1.09 | 2.05 | 4.19 |
| K | 385+432 | 1.12 | 2.51 | 4.70 |
| infiziert | 372+444 | 1.12 | 2.22 | 5.31 |
| | 419+681 | 1.12 | 2.36 | 4.79 |
| U-NSP | 133+165 | 1.15 | 2.34 | 3.74 |
| infiziert | 101+106 | 1.15 | 2.34 | 3.86 |
| | 123+136 | 1.15 | 2.28 | 4.19 |
| L-NSP | 22+40 | 1.09 | 2.24 | 4.33 |
| infiziert | 34+70 | 1.09 | 1.77 | 4.20 |
| | 29+43 | 1.09 | 1.82 | 4.52 |

K = Kontrollfutter; U-NSP = Futter mit Erbsenschalen (unlösliche NSP); L-NSP = Futter mit Zichorienwurzelmehl (lösliche NSP)

ATab.71: Gehalte des Futter, der Dünndarmdigesta und der Exkremente an unlöslichen NSP (% in T) im Versuchsdurchgang 5 mit *H. gallinarum*

| Gruppe | gepoolte Tiere | Futter | Dünndarmdigesta | Exkremente |
|---|---|---|---|---|
| K | 365+366 | 9.76 | 20.7 | 36.2 |
| nicht | 194+367 | 9.76 | 21.3 | 34.6 |
| infiziert | 370+371 | 9.76 | 21.4 | 35.1 |
| U-NSP | 228+234 | 16.59 | 29.3 | 48.4 |
| nicht | 207+238 | 16.59 | 30.6 | 49.4 |
| infiziert | 202+223 | 16.59 | 28.1 | 51.1 |
| L-NSP | 82+97 | 9.82 | 17.3 | 36.5 |
| nicht | 147+293 | 9.82 | 17.1 | 36.7 |
| infiziert | 81+91 | 9.82 | 17.4 | 35.3 |
| K infiziert | 385+432 | 9.76 | 23.3 | 36.5 |
| | 372+444 | 9.76 | 22.1 | 35.4 |
| | 419+681 | 9.76 | 21.5 | 36.3 |
| U-NSP infiziert | 133+165 | 16.59 | 30.2 | 50.2 |
| | 101+106 | 16.59 | 29.8 | 52.6 |
| | 123+136 | 16.59 | 30.4 | 51.7 |
| L-NSP infiziert | 22+40 | 9.82 | 18.2 | 35.6 |
| | 34+70 | 9.82 | 18.7 | 36.1 |
| | 29+43 | 9.82 | 18.7 | 37.5 |

K = Kontrollfutter; U-NSP = Futter mit Erbsenschalen (unlösliche NSP); L-NSP = Futter mit Zichorienwurzelmehl (lösliche NSP)

ATab.72: Gehalte des Futter, der Dünndarmdigesta und der Exkremente an löslichen NSP (% in T) im Versuchsdurchgang 5 mit *H. gallinarum*

| Gruppe | gepoolte Tiere | Futter | Dünndarmdigesta | Exkremente |
|---|---|---|---|---|
| K | 365+366 | 1.55 | 6.35 | 4.78 |
| nicht | 194+367 | 1.55 | 6.01 | 5.00 |
| infiziert | 370+371 | 1.55 | 6.29 | 5.10 |
| U-NSP | 228+234 | 1.79 | 5.45 | 4.68 |
| nicht | 207+238 | 1.79 | 5.12 | 5.05 |
| infiziert | 202+223 | 1.79 | 5.25 | 4.83 |
| L-NSP | 82+97 | 2.03 | 6.13 | 5.27 |
| nicht | 147+293 | 2.03 | 5.39 | 4.82 |
| infiziert | 81+91 | 2.03 | 5.68 | 5.34 |
| K infiziert | 385+432 | 1.55 | 6.53 | 5.09 |
| | 372+444 | 1.55 | 5.57 | 5.17 |
| | 419+681 | 1.55 | 6.50 | 4.93 |
| U-NSP infiziert | 133+165 | 1.79 | 6.24 | 5.34 |
| | 101+106 | 1.79 | 6.37 | 5.09 |
| | 123+136 | 1.79 | 6.33 | 5.58 |
| L-NSP infiziert | 22+40 | 2.03 | 5.69 | 6.40 |
| | 34+70 | 2.03 | 5.55 | 6.64 |
| | 29+43 | 2.03 | 5.27 | 6.57 |

K = Kontrollfutter; U-NSP = Futter mit Erbsenschalen (unlösliche NSP); L-NSP = Futter mit Zichorienwurzelmehl (lösliche NSP)

ATab.73: Gehalte des Futter, der Dünndarmdigesta und der Exkremente an Inulin (% in T) im Versuchsdurchgang 5 mit *H. gallinarum*

| Gruppe | gepoolte Tiere | Futter | Dünndarmdigesta | Exkremente |
|---|---|---|---|---|
| L-NSP | 82+97 | 5.00 | 4.70 | 2.16 |
| nicht | 147+293 | 5.00 | 5.48 | 2.59 |
| infiziert | 81+91 | 5.00 | 5.10 | 2.56 |
| L-NSP infiziert | 22+40 | 5.00 | 4.52 | 3.96 |
| | 34+70 | 5.00 | 4.52 | 3.94 |
| | 29+43 | 5.00 | 4.32 | 2.97 |

L-NSP = Futter mit Zichorienwurzelmehl (lösliche NSP)

ATab.74: Mengen (g in T) an Dünndarmdigesta, Titandioxid, unlöslichen NSP, löslichen NSP und Inulin in den Dünndarmdigesta im Versuchsdurchgang 5 mit *H. gallinarum*

| Gruppe | gepoolte Tiere | Dünndarm digesta | Titandioxid | unlösliche NSP | lösliche NSP | Inulin |
|---|---|---|---|---|---|---|
| K | 365+366 | 5.28 | 0.13 | 1.09 | 0.34 | - |
| nicht | 194+367 | 5.27 | 0.12 | 1.12 | 0.32 | - |
| infiziert | 370+371 | 4.94 | 0.09 | 1.06 | 0.31 | - |
| U-NSP | 228+234 | 7.19 | 0.14 | 2.10 | 0.39 | - |
| nicht | 207+238 | 6.87 | 0.16 | 2.10 | 0.35 | - |
| infiziert | 202+223 | 6.81 | 0.15 | 1.91 | 0.36 | - |
| L-NSP | 82+97 | 5.45 | 0.12 | 0.94 | 0.33 | 0.26 |
| nicht | 147+293 | 5.57 | 0.12 | 0.96 | 0.30 | 0.31 |
| infiziert | 81+91 | 5.83 | 0.12 | 1.01 | 0.33 | 0.30 |
| K infiziert | 385+432 | 5.30 | 0.13 | 1.24 | 0.35 | - |
| | 372+444 | 5.26 | 0.12 | 1.16 | 0.29 | - |
| | 419+681 | 5.03 | 0.12 | 1.08 | 0.33 | - |
| U-NSP infiziert | 133+165 | 6.52 | 0.15 | 1.97 | 0.41 | - |
| | 101+106 | 6.61 | 0.15 | 1.97 | 0.42 | . |
| | 123+136 | 6.63 | 0.15 | 2.02 | 0.42 | . |
| L-NSP infiziert | 22+40 | 6.33 | 0.14 | 1.15 | 0.36 | 0.29 |
| | 34+70 | 5.96 | 0.11 | 1.12 | 0.33 | 0.27 |
| | 29+43 | 6.00 | 0.11 | 1.12 | 0.32 | 0.26 |

K = Kontrollfutter; U-NSP = Futter mit Erbsenschalen (unlösliche NSP); L-NSP = Futter mit Zichorienwurzelmehl (lösliche NSP); - = nicht analysiert

ATab.75: Gehalte des Futter, der Dünndarmdigesta und der Exkremente an Titandioxid (% in T) im Versuchsdurchgang 6 mit *H. gallinarum*

| Gruppe | gepoolte Tiere | Futter | Dünndarmdigesta | Exkremente |
|---|---|---|---|---|
| L-NSP | 1308+1318 | 1.09 | 2.17 | 4.02 |
| nicht | 1302+1327 | 1.09 | 2.15 | 3.90 |
| infiziert | 1335+1336 | 1.09 | 1.96 | 4.37 |
| L-NSP infiziert | 1369+1396 | 1.09 | 2.15 | 3.78 |
| | 1365+1384 | 1.09 | 2.17 | 3.85 |
| | 1358+1360 | 1.09 | 1.89 | 4.16 |

L-NSP = Futter mit Zichorienwurzelmehl (lösliche NSP)

ATab.76: Gehalte des Futter, der Dünndarmdigesta und der Exkremente an Inulin (% in T) im Versuchsdurchgang 6 mit *H. gallinarum*

| Gruppe | gepoolte Tiere | Futter | Dünndarmdigesta | Exkremente |
|---|---|---|---|---|
| L-NSP nicht infiziert | 1308+1318 | 5.00 | 6.33 | 1.42 |
| | 1302+1327 | 5.00 | 6.48 | 2.68 |
| | 1335+1336 | 5.00 | 6.70 | 2.79 |
| L-NSP infiziert | 1369+1396 | 5.00 | 6.37 | 2.57 |
| | 1365+1384 | 5.00 | 6.06 | 3.92 |
| | 1358+1360 | 5.00 | 7.24 | 2.21 |

L-NSP = Futter mit Zichorienwurzelmehl (lösliche NSP)

ATab.77: Mengen (g in T) an Dünndarmdigesta, Titandioxid und Inulin in den Dünndarmdigesta im Versuchsdurchgang 6 mit *H. gallinarum*

| Gruppe | gepoolte Tiere | Dünndarmdigesta | Titandioxid | Inulin |
|---|---|---|---|---|
| K nicht infiziert | 1031+1087 | 6.00 | 0.15 | - |
| | 1072+1108 | 5.54 | 0.12 | - |
| | 1005+1107 | 5.35 | 0.13 | - |
| U-NSP nicht infiziert | 1241+1250 | 5.78 | 0.10 | - |
| | 1212+1236 | 6.05 | 0.13 | - |
| | 1240+1254 | 6.06 | 0.12 | - |
| L-NSP nicht infiziert | 1308+1318 | 5.77 | 0.13 | 0.37 |
| | 1302+1327 | 5.18 | 0.11 | 0.34 |
| | 1335+1336 | 5.06 | 0.10 | 0.34 |
| K infiziert | 1151+1158 | 5.34 | 0.12 | - |
| | 683+688 | 5.18 | 0.12 | - |
| | 692+1164 | 5.31 | 0.12 | - |
| U-NSP infiziert | 651+1296 | 6.34 | 0.14 | - |
| | 653+657 | 6.14 | 0.12 | - |
| | 660+1277 | 6.18 | 0.12 | - |
| L-NSP infiziert | 1369+1396 | 5.45 | 0.12 | 0.35 |
| | 1365+1384 | 5.51 | 0.12 | 0.33 |
| | 1358+1360 | 5.59 | 0.11 | 0.40 |

K = Kontrollfutter; U-NSP = Futter mit Erbsenschalen (unlösliche NSP); L-NSP = Futter mit Zichorienwurzelmehl (lösliche NSP); - = nicht analysiert

## 9.5 Daten zur Extrakt-Viskosität der Dünndarmdigesta

ATab.78: Extrakt-Viskosität (mPas) der Jejunum- und Ileum-Digesta in den Versuchsdurchgängen mit *A. galli* und *H. gallinarum*

| | ***A. galli*** | | ***H. gallinarum*** | |
|---|---|---|---|---|
| **Gruppe** | **Jejunum-Digesta** | **Ileum-Digesta** | **Jejunum-Digesta** | **Ileum-Digesta** |
| K nicht infiziert | 6.25 | 10.75 | 4.70 | 6.52 |
| | 7.85 | 8.60 | 4.99 | 5.28 |
| | 4.24 | 10.28 | 4.22 | 7.00 |
| U-NSP nicht infiziert | 3.67 | 6.10 | 4.44 | 5.22 |
| | 3.04 | 4.02 | 4.56 | 8.15 |
| | 4.61 | 6.12 | 3.21 | 6.48 |
| L-NSP nicht infiziert | 4.70 | 5.17 | 3.03 | 4.94 |
| | 4.65 | 4.71 | 3.66 | 4.59 |
| | 5.09 | 5.07 | 3.25 | 5.64 |
| K infiziert | 5.60 | 7.67 | 5.48 | 8.82 |
| | 5.73 | 9.22 | 4.83 | 6.37 |
| | 6.73 | 7.14 | 5.00 | 7.49 |
| U-NSP infiziert | 3.87 | 7.01 | 4.21 | 6.71 |
| | 3.39 | 5.29 | 4.86 | 8.60 |
| | 4.08 | 5.80 | 4.22 | 7.66 |
| L-NSP infiziert | 2.88 | 6.10 | 3.09 | 5.38 |
| | 3.09 | 4.05 | 2.77 | 6.12 |
| | 3.87 | 5.65 | 7.02 | 4.38 |

K = Kontrollfutter; U-NSP = Futter mit Erbsenschalen (unlösliche NSP); L-NSP = Futter mit Zichorienwurzelmehl (lösliche NSP); - = nicht analysiert

# Lebenslauf

| | |
|---|---|
| Name: | Julia Humburg |
| Geburtstag: | 19. Mai 1980 |
| Geburtsort: | Elmshorn |

## Schulausbildung:

| | |
|---|---|
| 1987-1988 | Grundschule Barmstedt |
| 1988-1991 | Grundschule Frankfurt am Main |
| 1991-2000 | Goetheschule Neu-Isenburg<br>Abschluss: Abitur |

## Praktikum:

| | |
|---|---|
| 2003-2004 | Landwirtschaftliches Praktikum „Gut Schäferhof“, Appen (Milchvieh- und Ackerbaubetrieb, 6 Monate) |

## Studium:

| | |
|---|---|
| 2000-2006 | Studium der Agrarwissenschaften, Ökotrophologie und Umweltmanagement an der Justus-Liebig-Universität Giessen, Fachrichtung: Nutztierwissenschaften, Master of Science |
| seit 2007 | Promotionsstudiengang für Agrarwissenschaften (PAG) an der Georg-August-Universität Göttingen |

## Promotion:

| | |
|---|---|
| Mai 2007-Nov.2010 | Promotion in Agrarwissenschaften am Department für Nutztierwissenschaften, Professur Physiologische Futtermittelchemie an der Georg-August-Universität Göttingen |

**Danksagung**

Mein besonderer Dank gilt Herrn Prof. Dr. Hansjörg Abel für die Überlassung des Themas und die hilfreiche Unterstützung und Anregung für die vorliegende Arbeit.

Herrn Prof. Dr. Dr. Matthias Gauly und Dr. habil. Christian Wecke danke ich für die Übernahme der Korreferate.

Der Deutschen Forschungsgemeinschaft (DFG) danke ich für die Förderung dieser Untersuchung.

Bei der Wilhelm Schaumann Stiftung sowie bei der Stiftung für Ernährungswissenschaft möchte ich mich für die Stipendien bedanken.

Besonders bedanken möchte ich mich natürlich bei meinen Mitdoktoranden Gürbüz Daş, Stephan Schulze Mönking, Liane Lühmann, Christian Lambertz, Dr. Denise Völker, Katharina Seip, Christian Klapp, Anna Mitura und Rebecca Natter für die fachliche und moralische Unterstützung.

Mein Dank gilt ebenfalls Herrn Jeromin, der mich bei der Anfertigung der Laboranalysen unterstützt hat und ebenso den Mitarbeitern der Abteilung Produktionssysteme der Nutztiere des DNTW sowie Thomas Kraft und Nicole Abrill für ihre tatkräftige Hilfe.

Ganz besonders möchte ich mich auch bei Hanno Hirch und Sophie Schumacher für ihre Mithilfe bei den Analysen bedanken.

Und schließlich danke ich von ganzen Herzen meiner Familie und meinen Freunden für die aufgebrachte Geduld, die Kraft die sie mir gegeben haben und die große Unterstützung bei der Anfertigung dieser Arbeit.